簡單編織

王春燕 著

目 錄

毛衣各部分名稱

肩頭
肩頭
領口
袖
窿
袖
窿
腋下
腋下
前
正身
下襬

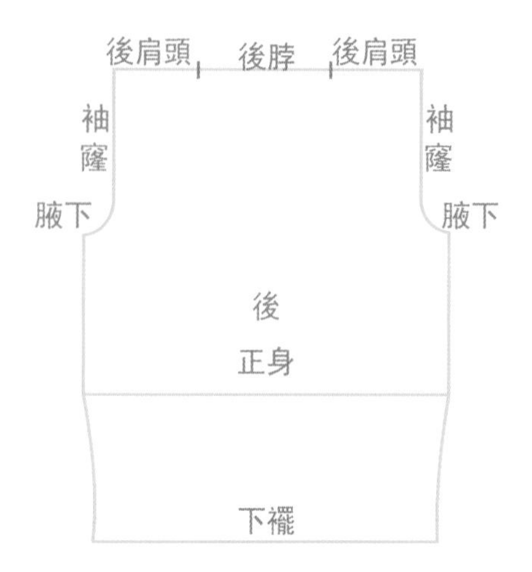
後肩頭
後脖
後肩頭
袖
窿
袖
窿
腋下
腋下
後
正身
下襬

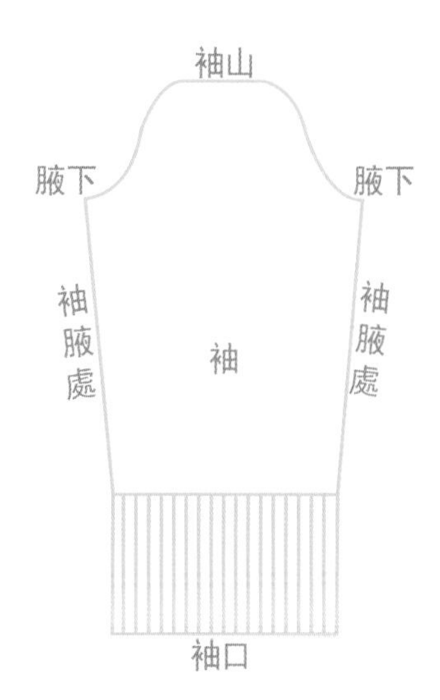
袖山
腋下
腋下
袖
腋
處
袖
袖
腋
處
袖口

領子

50p
粉嫩小披肩

52p

鳳梨花小背心

54p

俄羅斯花朵帽

56p

花田小披肩

58p

兩用圍巾

59p

拉薩風格披肩

60p
海棠手包
62p
花朵小飾品
63p
樹葉領巾

64p
皮草小披肩

鵝黃花邊帽

66p

可愛組合帽

68p

✿70p

普羅旺斯髮帶

74p

海棠果披肩

76p

開襟小外套

78p

温柔杏色披肩

80p
非洲菊手包
82p
魚腥草小披肩

84p

多用時尚單品

86p

可愛百變小披肩

88p

繫帶開口小披肩

90p

水紅鏤空小帽

92p

兩穿花朵披肩

72p
擦地拖鞋

94p

嫻靜流蘇披肩

96p
葉子小圍巾

97p

手鉤大花朵包

98p

扇蚌背心

100p

心型花紋小披肩

104p
大花朵圍巾
102p
花俏小帽

106p

嫩黃色披肩

110p
藍緊身背心

108p
可愛尖尖帽

112p

大領圍巾

99p
神秘紫胸花

114p

背心式披肩

116p

紅樓印象披肩

118p

皮草領背心

❀122p
薰衣草手套

❀120p
大波斯菊髮帶

121p

葉子組合披肩

124p
絨球擦地拖鞋

71p
漣漪小披肩

126p

簡潔大領披肩

128p

大波斯菊帽子

130p

哈密長靴地板襪

132p

雙色長靴地板襪

134p

藍色三用巾

49p

繁花項鏈

繁花項鏈

材料：純毛粗線
工具：3.0鉤針
用量：200克
密度：20針X24行=10平方公分
尺寸：(公分) 長80 寬16

編織說明：

依照圖示鉤各色花朵並連接起來。

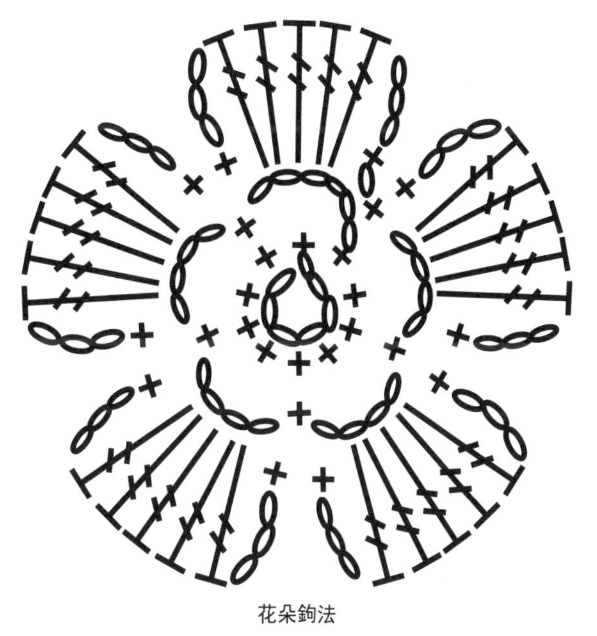

花朵鉤法

重點提示

鉤針可以用手勁控制織物的密度和形態，鉤花朵時，邊緣緊，內部鬆，花朵立體又有型。

粉嫩小披肩

材料： 純毛粗線
工具： 6號針
用量： 150克
密度： 21針X24行=10平方公分
尺寸： (公分) 以實物爲準

編織說明：

織一個長方形，從下緣挑針織下襬，收針後在兩側邊挑織扭針雙羅紋邊。

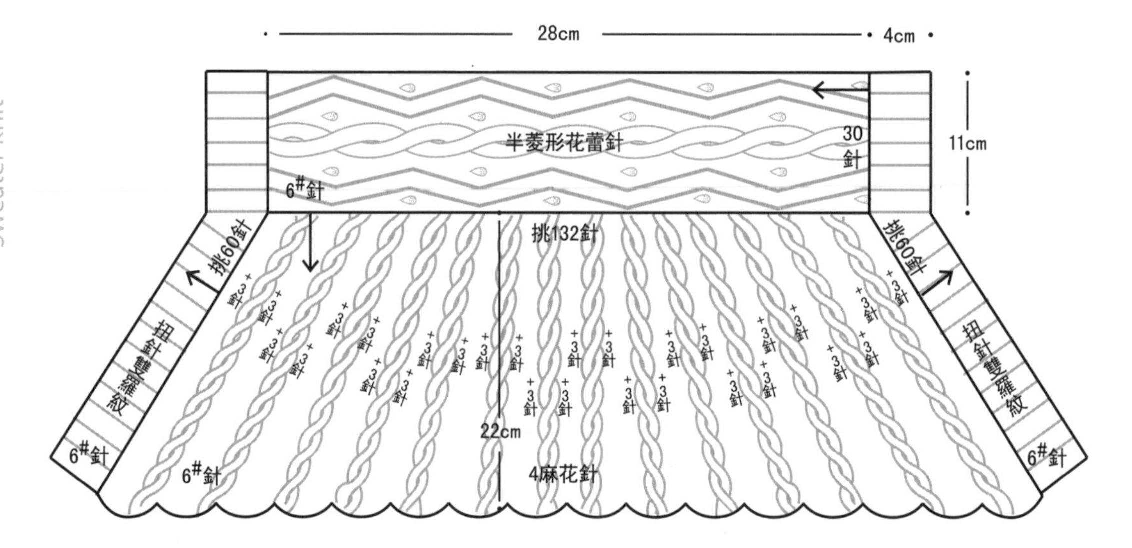

整體排花：

4	4	4	……	4	4	4
麻花針	上針	麻花針	……	麻花針	上針	麻花針

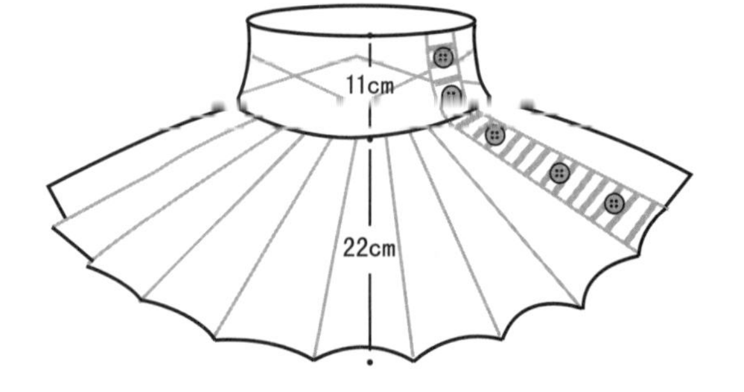

編織步驟:

1. 用6號針起30針按排花往返織28公分半菱形花蕾針。
2. 從下緣挑出所有針目，第2行時加至132針，按排花織片。
3. 隔5公分在麻花的兩側分別加1針織上針，共加3次。
4. 麻花至22公分後鬆收平邊。
5. 用6號針從兩邊緣橫挑60針織4公分扭針雙羅紋後收雙彈性邊。

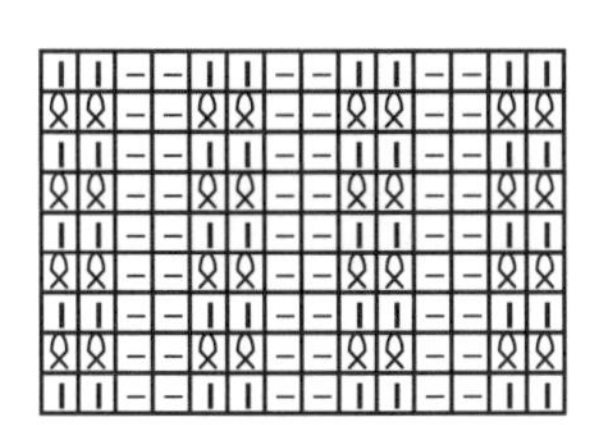
扭針雙羅紋

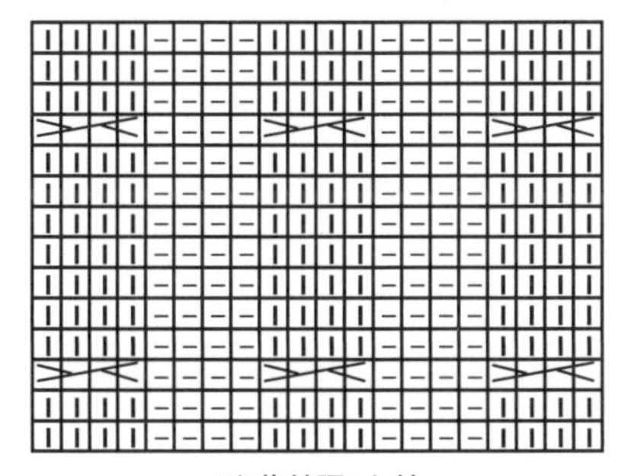
4麻花針隔4上針

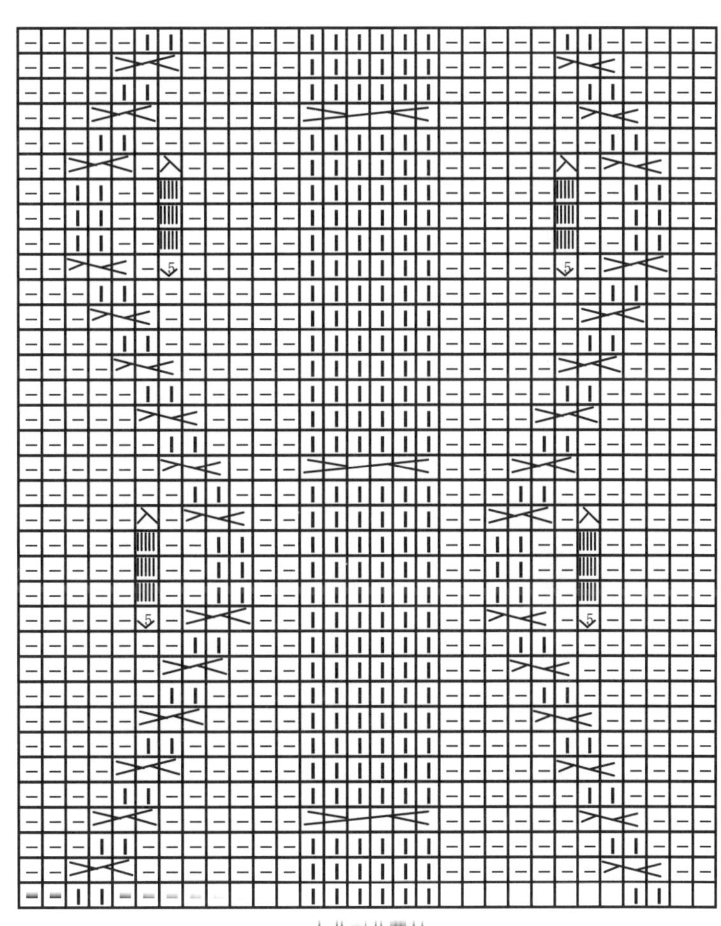
半菱形花蕾針

重點提示

門襟或領子等部位需要後挑針才能織，正確的方法是挑出所有針目，第二行時再減至需要的針目並同時排好花紋，接縫處才會顯得整齊漂亮。

鳳梨花小背心

材料： 純毛粗線
工具： 6號針
用量： 300克
密度： 22針X24行=10平方公分
尺寸：（公分）圍巾長140　寬33

編織說明：

織一條長圍巾，將圍巾上的球球做為釦子。後腰分別是兩個小的長方形組成，整理成蝴蝶結形狀後備用。平時做圍巾，組合後成為背心。

140cm

圍巾排花：

7	5	12	5	12	5	12	5	7
鎖鏈球球針	上針	鳳梨花	上針	鳳梨花	上針	鳳梨花	上針	鎖鏈球球針

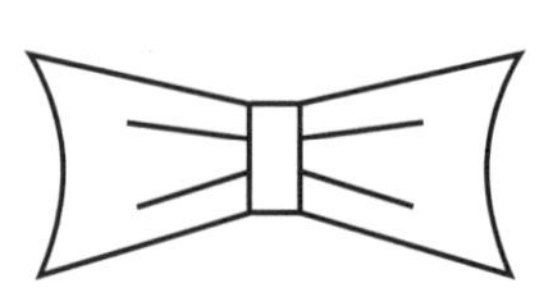

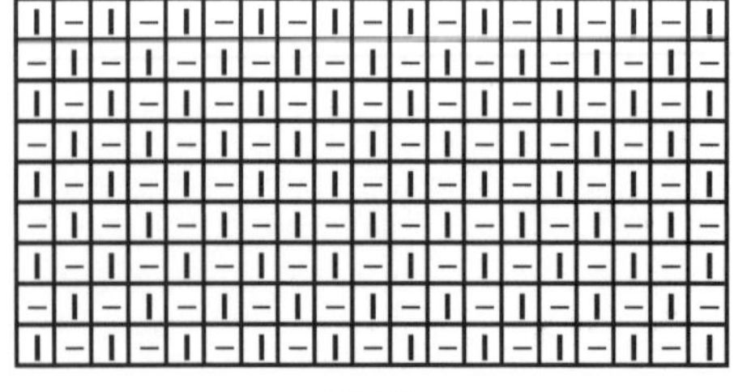

星星針

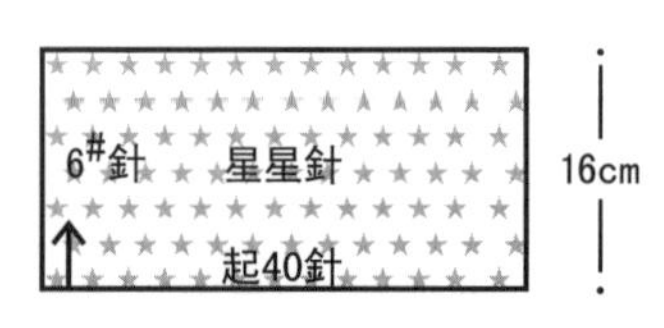

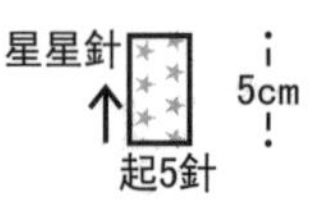

編織步驟:

1. 用6號針起70針按排花往返織140公分收平邊，兩頭花紋對稱。
2. 用6號針另線起40針織16公分星星針後收彈性邊，形成長方形片。再起5針織5公分星星針後收彈性邊，做為蝴蝶結帶子，繫於16公分長方形片的正中央縫好。
3. 以長圍巾邊緣的球球為釦子，與蝴蝶結一起可組合成背心。

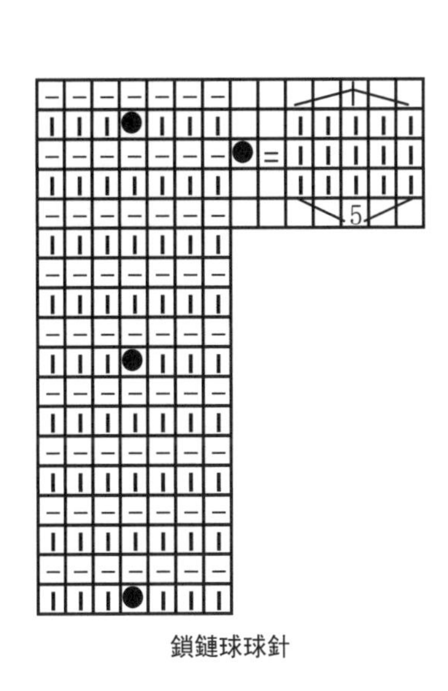

鎖鏈球球針

鳳梨針

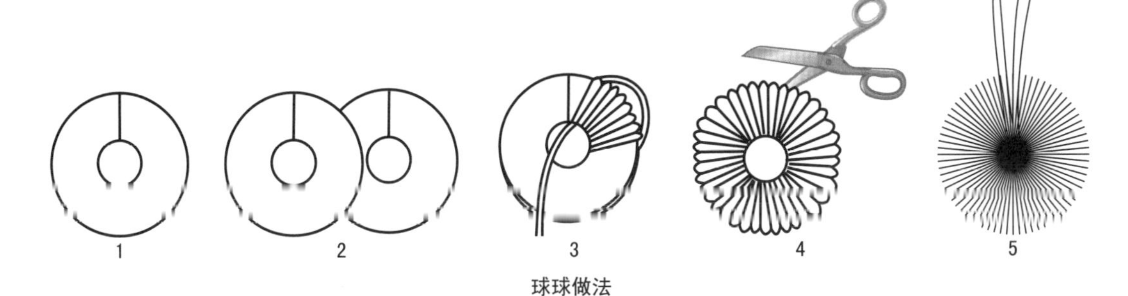

球球做法

重點提示

小球球可做為釦子扣入編織的紋理內，巧妙又實用。

俄羅斯花朵帽

材料：純毛粗線
工具：6號針　3.0鉤針
用量：200克
密度：22針X24行=10平方公分
尺寸：(公分) 帽圍43　帽高22

編織說明：

從帽沿處起針織相應長度後，將所有針目均分4份，隔1行在每圈內均減8針，餘8針時從內部串起繫好。

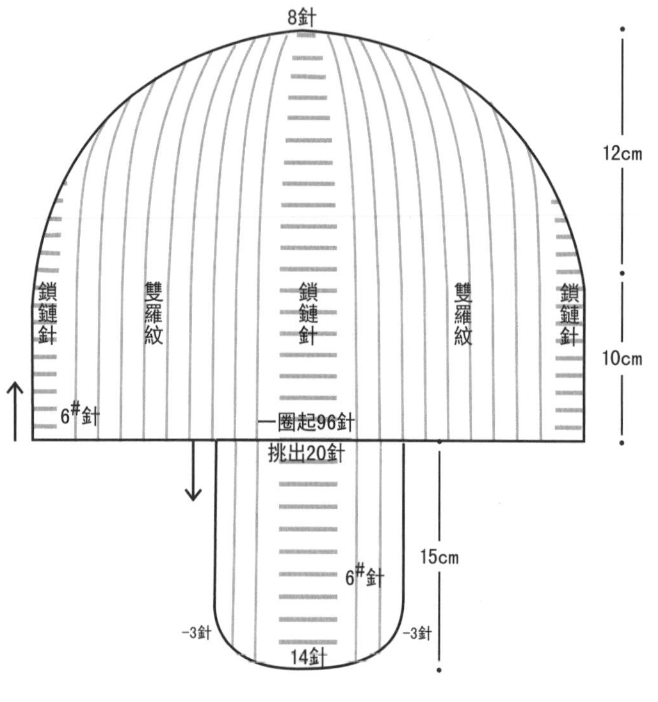

帽子排花：

18	6	18	6	18	6	18	6
雙羅紋	鎖鏈針	雙羅紋	鎖鏈針	雙羅紋	鎖鏈針	雙羅紋	鎖鏈針

護耳排花：

1	2	2	2	6	2	2	2	1
上針	下針	上針	下針	鎖鏈針	下針	上針	下針	上針

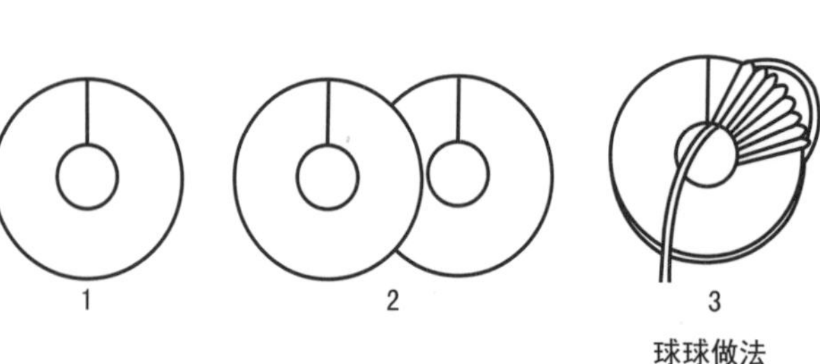

球球做法

編織步驟：

1. 用6號針起96針按排花環形織10公分後，將96針分4份，每份內隔1行減2針，一圈減8針減至餘8針時串入一根線，拉緊繫好。
2. 護耳從起針處挑20針織15公分，在兩邊每行減1針共減3針，餘針平收。
3. 把鉤好的玫瑰花縫在帽子及邊緣，把做好的球球繫在帽頂。

帽頂減針方法

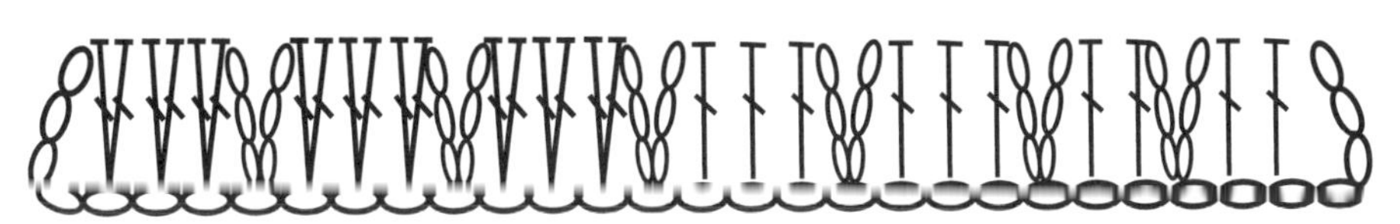

玫瑰花鉤法

重點提示

織帽頂時，每圈內減針多的話，帽頂比較平，減針少的話，帽頂比較尖。

花田小披肩

材料： 純毛粗線
工具： 6號針
用量： 300克
密度： 19針X24行=10平方公分
尺寸：（公分）以實物爲準

編織說明：

織一個長方形，依照圖示縫合兩腋，形成披肩。

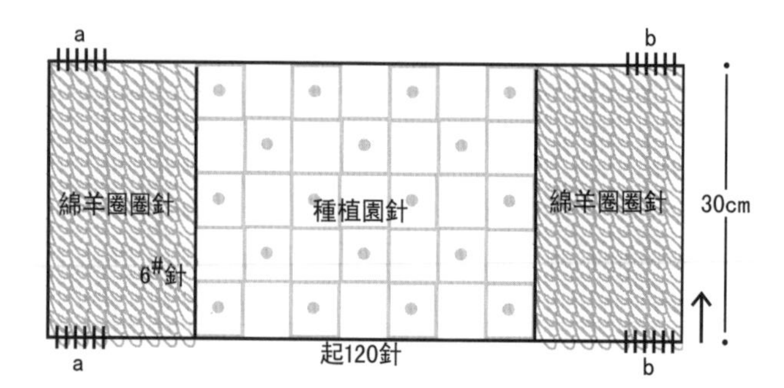

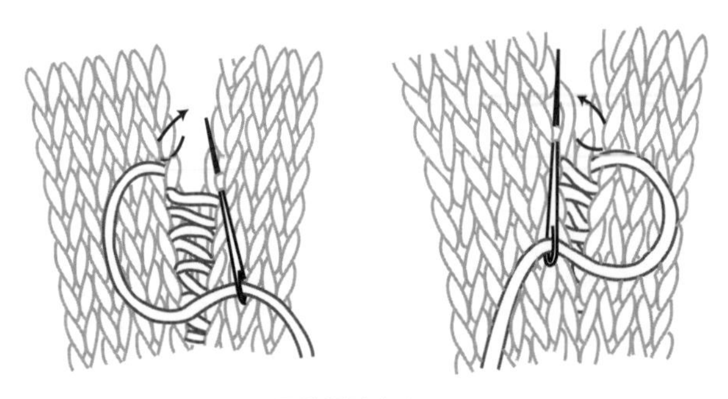

下針豎縫合方法

編織步驟:

1. 用6號針起120針，中間50針往返織種植園針，左右各35針往返織綿羊圈圈針。
2. 織30公分後，依照圖示縫合a-a，b-b，開口處為袖口。

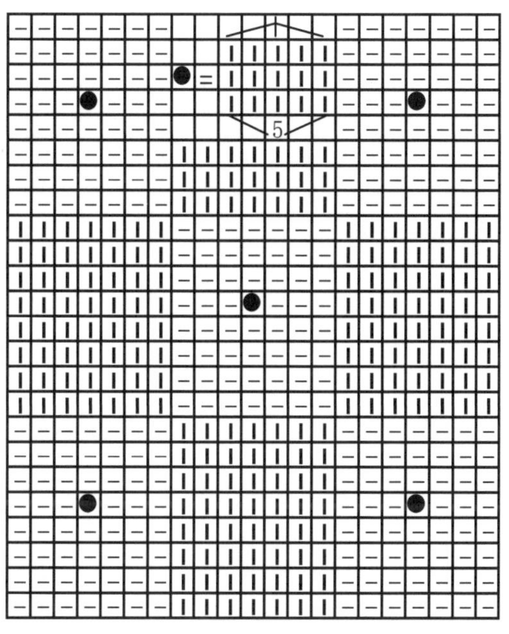

種植園針

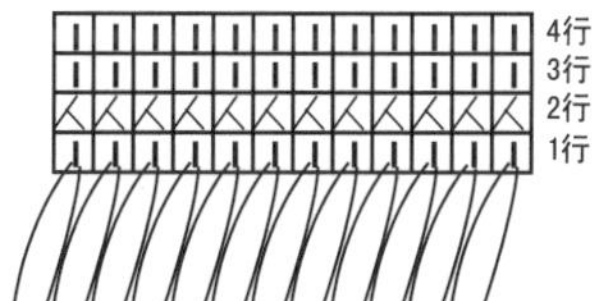

第一行：右食指繞雙線織下針，然後把線套繞到正面，按此方法織第2針。
第二行：由於是雙線所以2針併1針織下針。
第三、四行：織下針，並拉緊線套。
第五行以後重複第一到第四行。

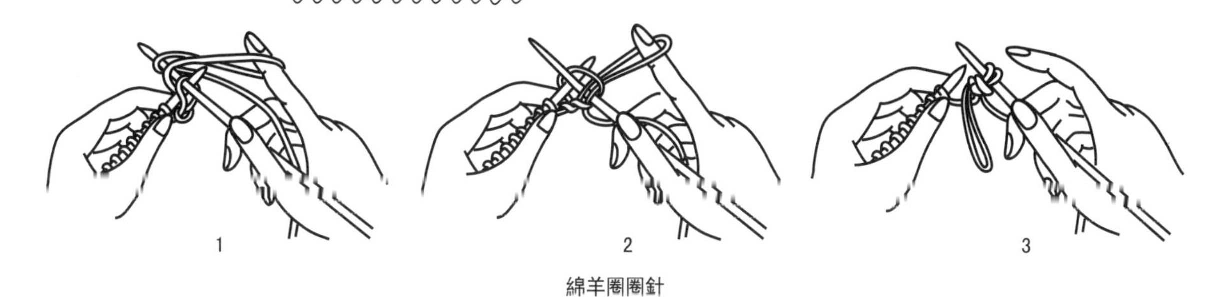

綿羊圈圈針

重點提示

織綿羊圈圈針時，第二行要拉緊圈圈，使織物整齊均勻。

兩用圍巾

材料： 蚝毛粗線
工具： 6號針
用量： 150克
密度： 21針×26行=10平方公分
尺寸： (公分) 長120　寬23

編織說明：

起針後按花紋向上直織，相應長度後收針並縫好鈕釦，即可組合成背心。

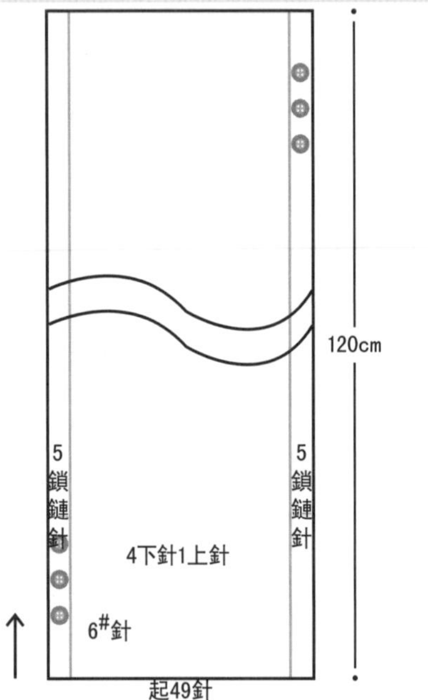

編織步驟：

1. 用6號針起49針按排花向上直織。
2. 至120公分時收平邊。
3. 在相應位置縫好釦子。

鎖鏈針

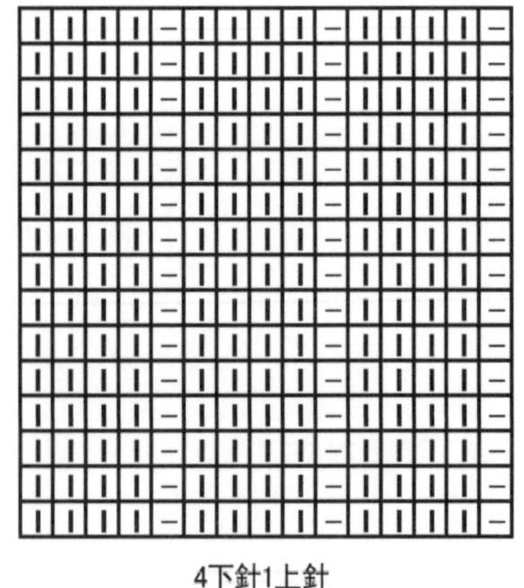
4下針1上針

整體排花：

5	4	1	4	1	……	1	4	1	4	5
鎖鏈針	下針	上針	下針	上針	……	上針	下針	上針	下針	鎖鏈針

重點提示

圍巾縫上鈕釦之後，就可以組合成背心。

拉薩風格披肩

材料：純毛粗線
工具：6號針　3.0鉤針
用量：400克
尺寸：(公分) 以實物為準

編織說明：

依照編織步驟織螺旋花，共31個依照圖示縫合，形成披肩。

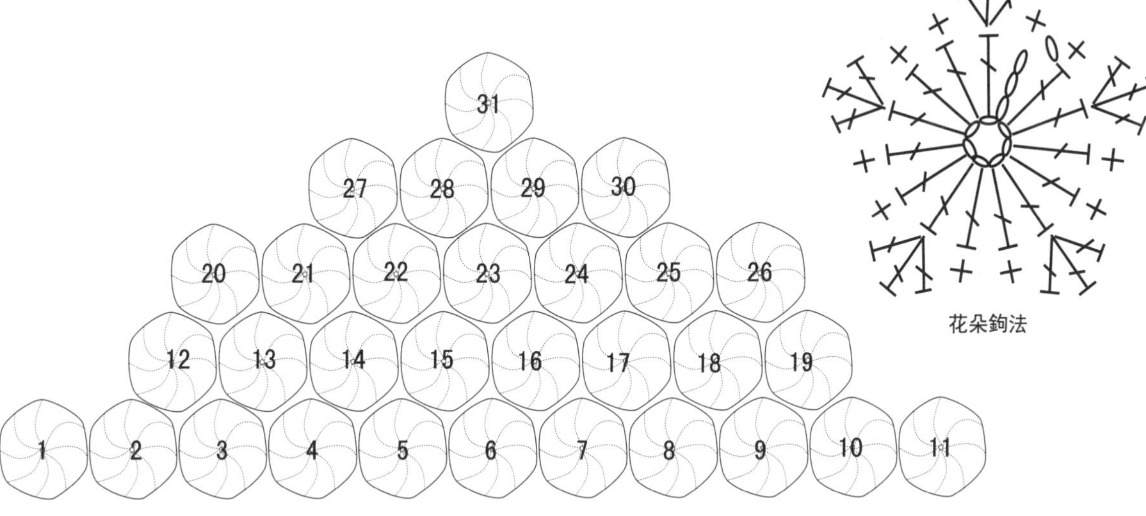

花朵鉤法

編織步驟：

1. 用6號針從中間起8針織星星針，每針分　組，隔一行在每組內加一針，一圈共加8針，直徑至12公分時收針，形成一個圓片。
2. 織31個相同花片依照圖示縫合，並將鉤好的花朵縫合在花片中間。

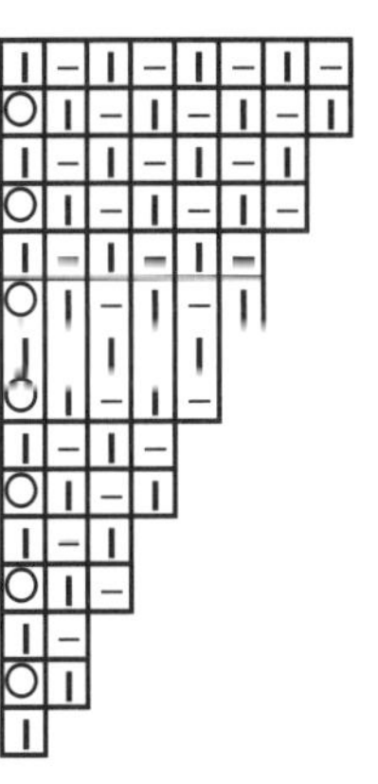

每組內加針法

重點提示

新手的話，不妨先織好一個個圓片，最後再縫合成披肩。

海棠手包

材料： 純毛粗線
工具： 6號針
用量： 125克
密度： 20針X24行=10平方公分
尺寸：（公分）長25 寬24

編織說明：

從包口向包底織成環形，在包底的兩角規律減針後縫合。從包口挑針織提手，相應長度後縫合在相應位置。

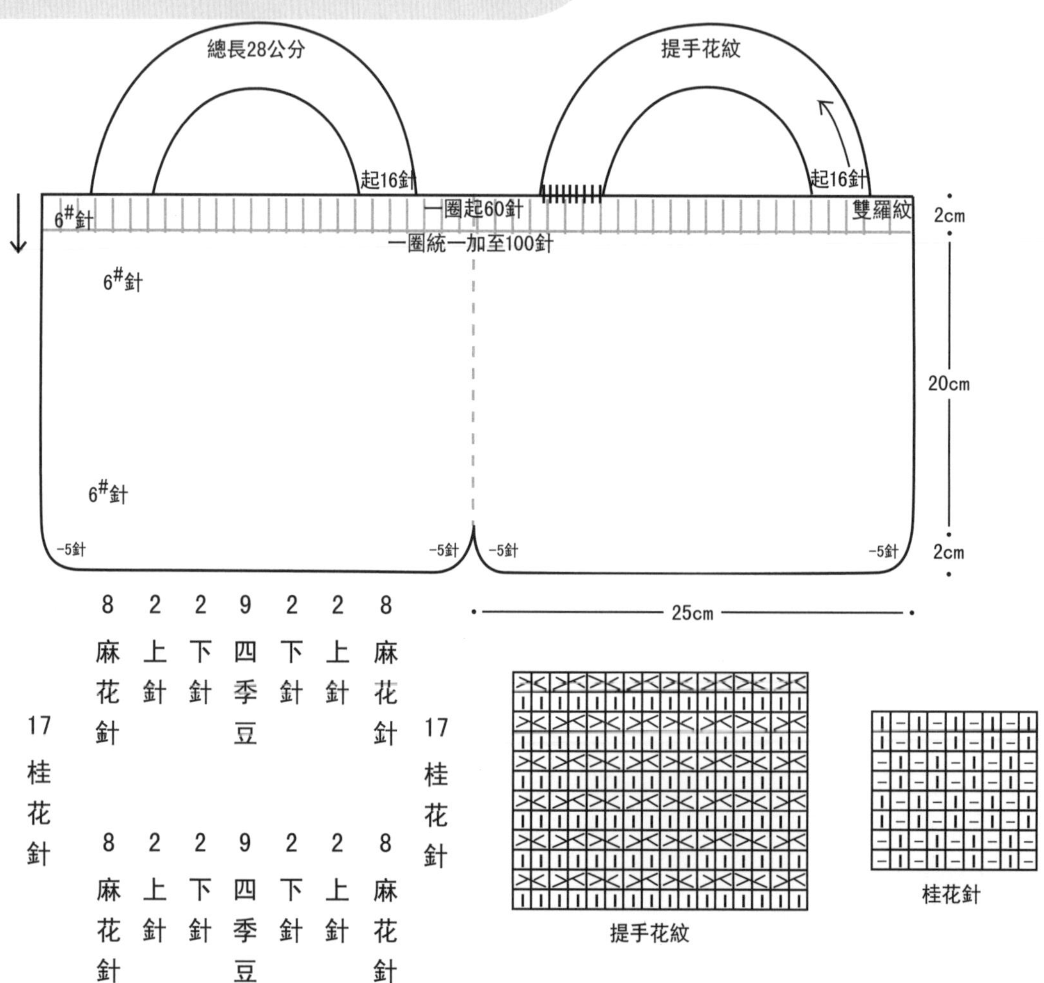

編織步驟:

1. 用6號針起60針環形織2公分雙羅紋。
2. 統一加至100針依照圖示環形織20公分。
3. 在兩側取2針做減針點，在這2針的左右每行減1針，共減5次，一圈餘80針，翻向內部織縫。
4. 用6號針起16針編織兩條28公分長的提手縫合在相應位置。

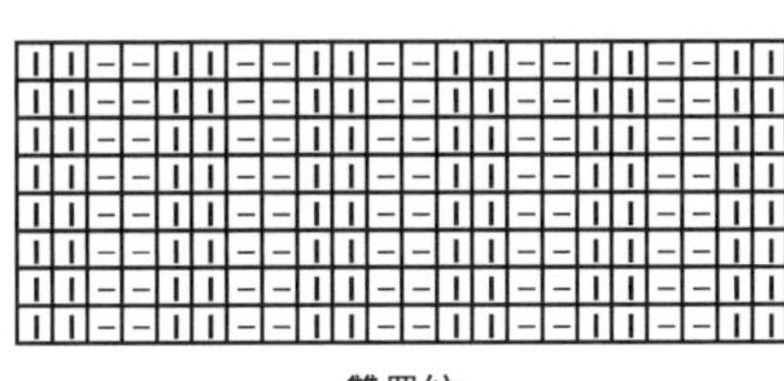

雙羅紋

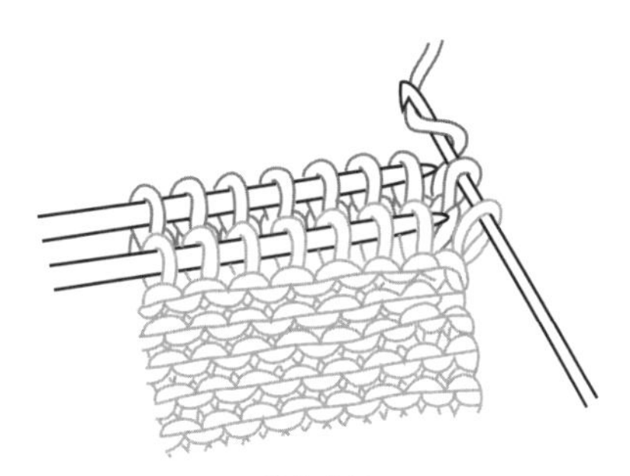

縫合方法

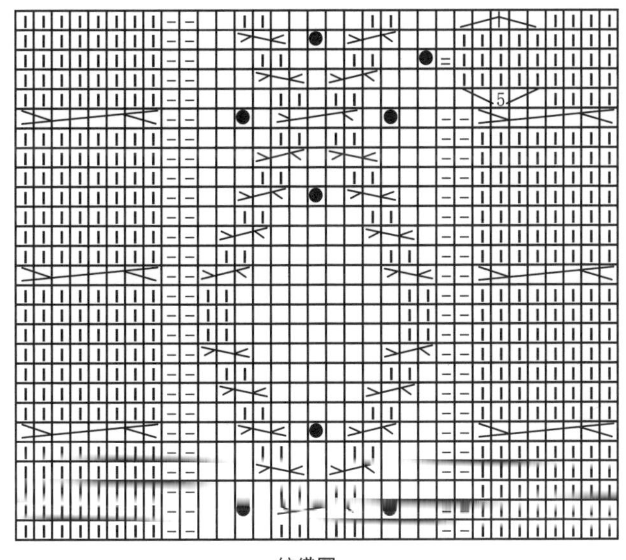

編織圖

重點提示

包包從內部緊收針，使包包的角落呈圓弧狀。

花朵小飾品

材料：純毛粗線
工具：3.0鉤針

編織說明：
依照圖示鉤花朵，將鉤好的小繩固定在相應位置。

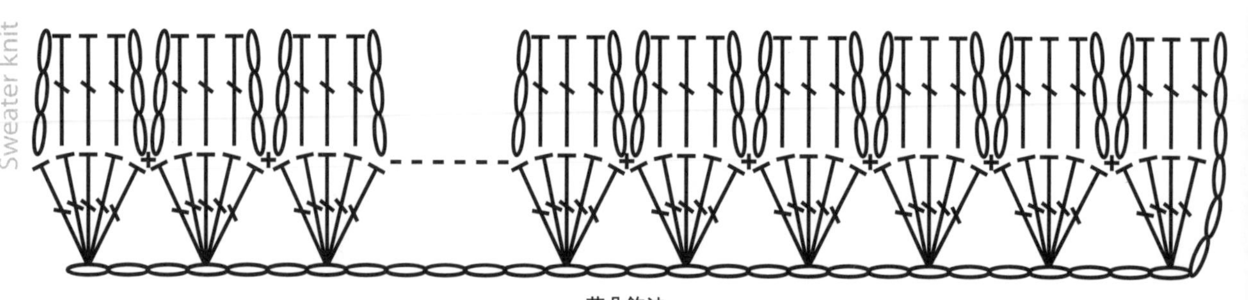

花朵鉤法

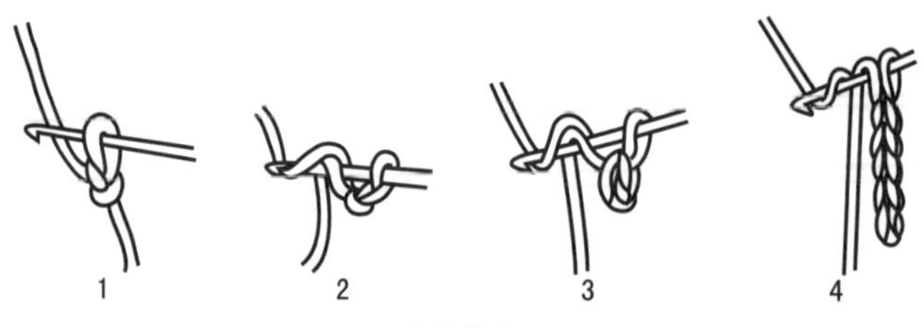

小繩鉤法

重點提示

鉤花朵時手勁略鬆，花朵才會更顯生動逼真。

樹葉領巾

材料：純毛粗線
工具：6號針
用量：150克
密度：20針X24行=10平方公分
尺寸：(公分) 以實物爲準

編織說明：

起針從葉柄向上織，先加針後減針，織6個葉子縫合。

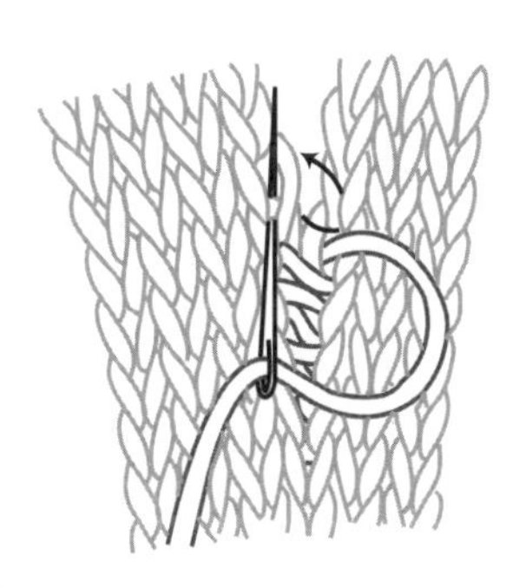

下針豎縫合方法

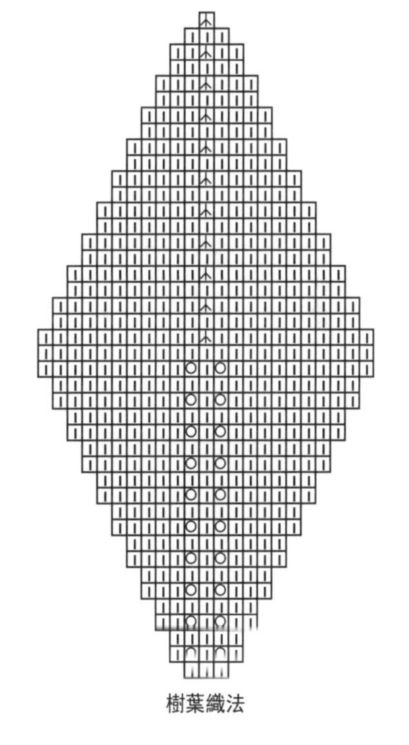

樹葉織法

編織步驟：

1. 用6號針起3針織下針，隔1行在1下針的左右加1針，共加10次後，再從兩側隔1行減1針，減光所有針目形成葉子。
2. 依照圖示縫合在一起，形成領巾。

重點提示

縫合葉子時注意保持整齊，不要破壞整體效果。

皮草小披肩

材料： 純毛粗線
工具： 6號針　3.0鉤針
用量： 450克
密度： 20針X24行=10平方公分
尺寸： (公分) 以實物爲準

編織說明：

織一個長方形，在相應位置留兩個開口形成袖口，然後挑織袖子，最後縫釦子。

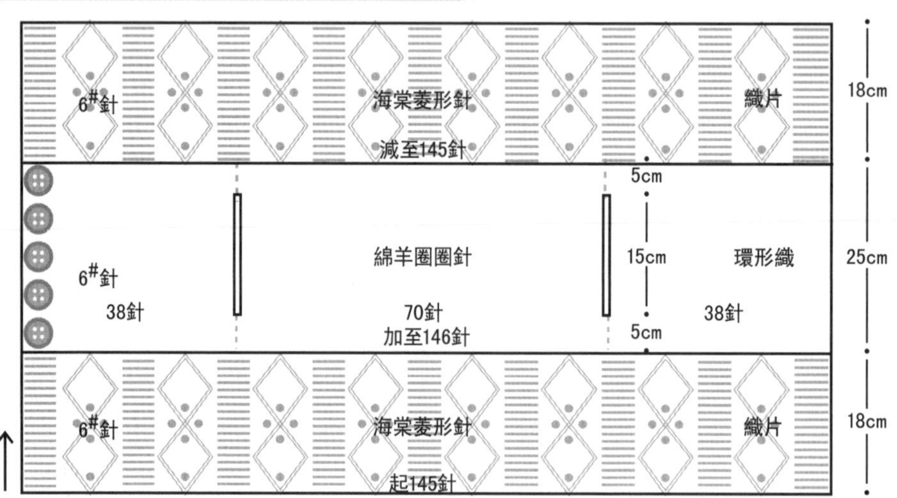

整體排花：

5	15	5	15	……	15	5	15	5
鎖鏈針	海棠菱形針	鎖鏈針	海棠菱形針	……	海棠菱形針	鎖鏈針	海棠菱形針	鎖鏈針

挑袖子：

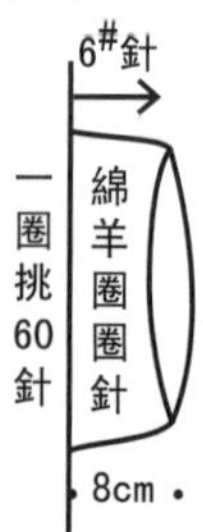

編織步驟:

1. 用6號針起145針往返織18公分海棠菱形針，織片。
2. 加至146針改環形織綿羊圈圈針，5公分後，將大片分三小片織15公分後再合成146針織5公分綿羊圈圈針，開口為袖口。
3. 總長至43公分後，減至145針往返織18公分與底邊一樣的花紋，收彈性邊。
4. 在開口處環形挑60針織8公分綿羊圈圈針做袖子，緊收平邊，並在門襟處縫好鈕子。

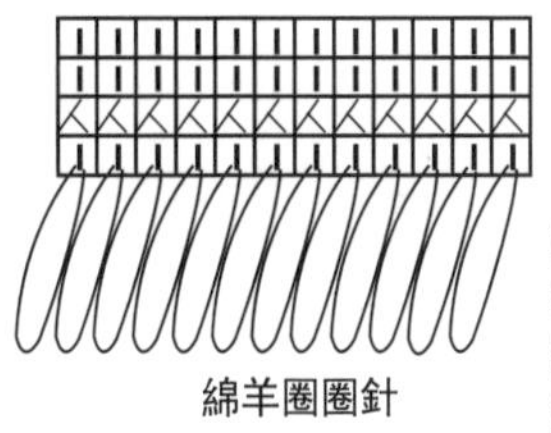

綿羊圈圈針

第一行：右食指繞雙線織下針，然後把線套繞到正面，按此方法織第2針。
第二行：由於是雙線所以2針併1針織下針。
第三、四行：織下針，並拉緊線套。
第五行以後重複第一到第四行。

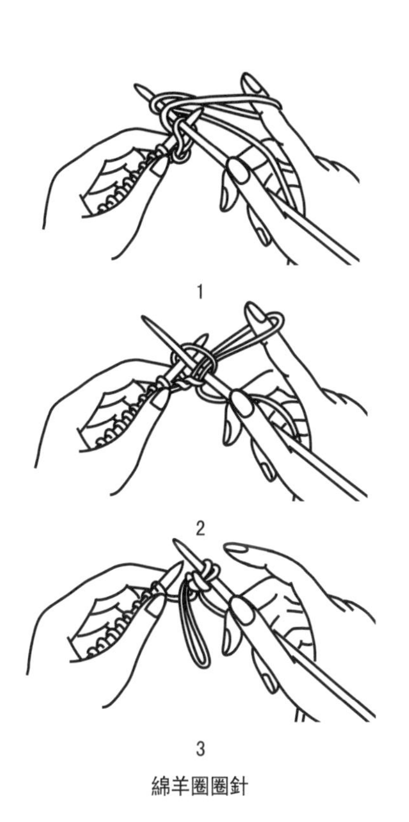

綿羊圈圈針

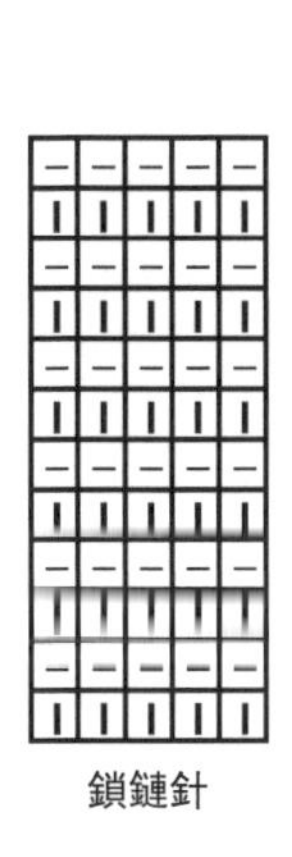
鎖鏈針

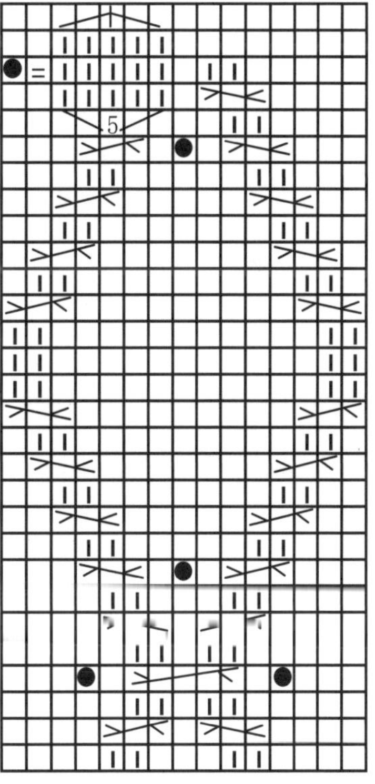

海棠菱形針

Sweater knit

重點提示

只在中段縫鈕子，可上下顛倒隨意穿著。

鵝黃花邊帽

材料： 純毛粗線
工具： 6號針
用量： 75克
密度： 19針X24行=10平方公分
尺寸：（公分）帽圍47　帽高19

編織說明：

從下向上織成環形，相應長度後改織扭針單羅紋並均分8份，隔1行在每份內各減1針，餘8針時串起繫好。

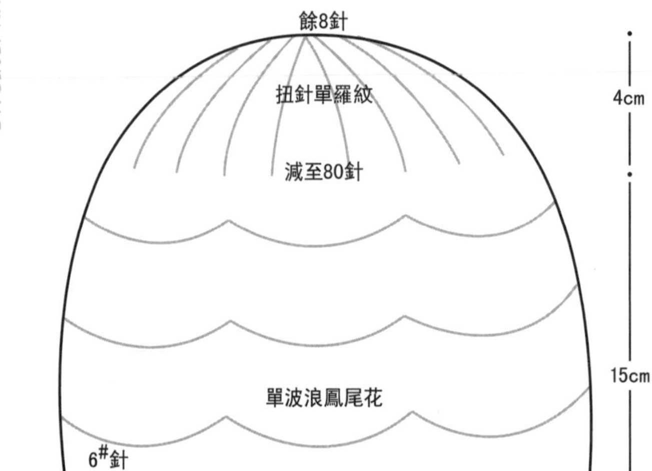

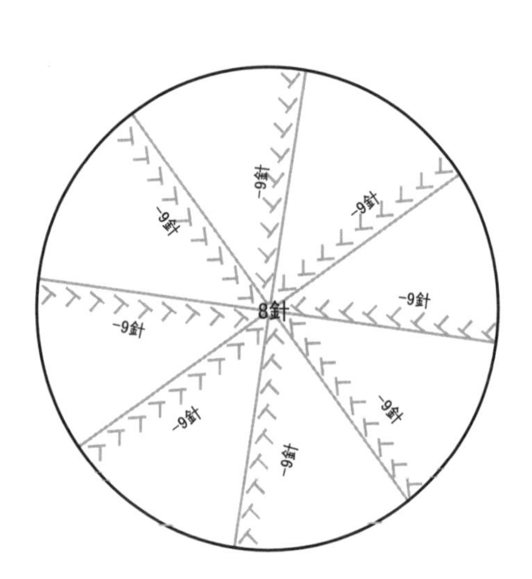

編織步驟:

1. 用6號針起90針環形織單波浪鳳尾花至15公分處。
2. 改織扭針單羅紋並一次性減至80針。
3. 將所有針目分為8組，每組10針，隔1行分別在每組內減1針，一圈減8針，共減9次。
4. 餘8針時，串入一根線，拉緊從內部繫好。

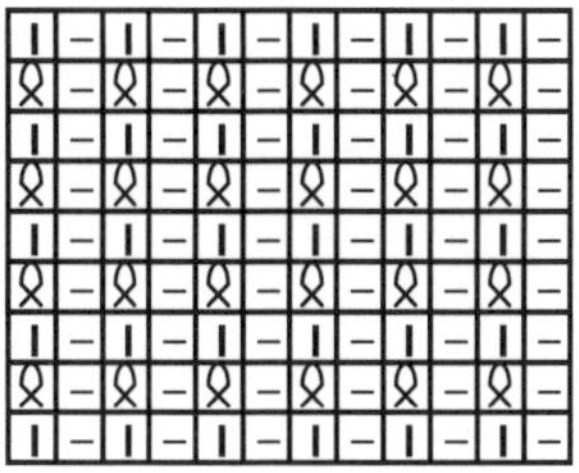

I	–	I	–	I	–	I	–	I	–	I	–
Q	–	Q	–	Q	–	Q	–	Q	–	Q	–
I	–	I	–	I	–	I	–	I	–	I	–
Q	–	Q	–	Q	–	Q	–	Q	–	Q	–
I	–	I	–	I	–	I	–	I	–	I	–
Q	–	Q	–	Q	–	Q	–	Q	–	Q	–
I	–	I	–	I	–	I	–	I	–	I	–
Q	–	Q	–	Q	–	Q	–	Q	–	Q	–
I	–	I	–	I	–	I	–	I	–	I	–

扭針單羅紋

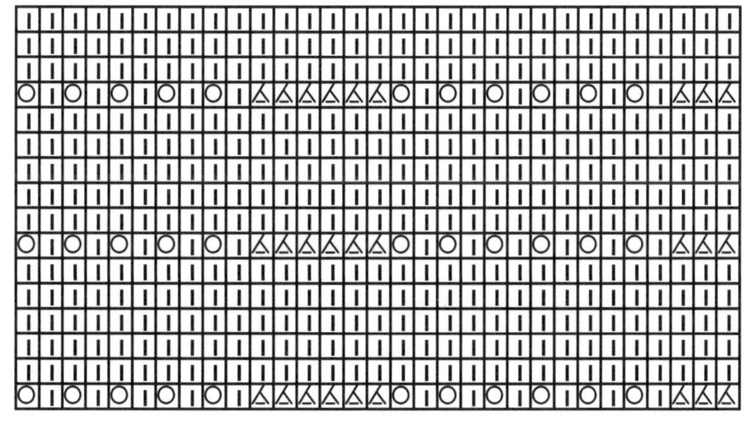

I	I	I	I	I	I	I	I	I	I	I	I	I	I	I	I	I	I	I	I	I	I	I	I	I	I	I	I	I	I	I
I	I	I	I	I	I	I	I	I	I	I	I	I	I	I	I	I	I	I	I	I	I	I	I	I	I	I	I	I	I	I
I	I	I	I	I	I	I	I	I	I	I	I	I	I	I	I	I	I	I	I	I	I	I	I	I	I	I	I	I	I	I
O	I	O	I	O	I	O	I	O	I	△	△	△	△	△	△	O	I	O	I	O	I	O	I	O	I	O	I	△	△	△
I	I	I	I	I	I	I	I	I	I	I	I	I	I	I	I	I	I	I	I	I	I	I	I	I	I	I	I	I	I	I
I	I	I	I	I	I	I	I	I	I	I	I	I	I	I	I	I	I	I	I	I	I	I	I	I	I	I	I	I	I	I
I	I	I	I	I	I	I	I	I	I	I	I	I	I	I	I	I	I	I	I	I	I	I	I	I	I	I	I	I	I	I
I	I	I	I	I	I	I	I	I	I	I	I	I	I	I	I	I	I	I	I	I	I	I	I	I	I	I	I	I	I	I
I	I	I	I	I	I	I	I	I	I	I	I	I	I	I	I	I	I	I	I	I	I	I	I	I	I	I	I	I	I	I
O	I	O	I	O	I	O	I	O	I	△	△	△	△	△	△	O	I	O	I	O	I	O	I	O	I	O	I	△	△	△
I	I	I	I	I	I	I	I	I	I	I	I	I	I	I	I	I	I	I	I	I	I	I	I	I	I	I	I	I	I	I
I	I	I	I	I	I	I	I	I	I	I	I	I	I	I	I	I	I	I	I	I	I	I	I	I	I	I	I	I	I	I
I	I	I	I	I	I	I	I	I	I	I	I	I	I	I	I	I	I	I	I	I	I	I	I	I	I	I	I	I	I	I
I	I	I	I	I	I	I	I	I	I	I	I	I	I	I	I	I	I	I	I	I	I	I	I	I	I	I	I	I	I	I
I	I	I	I	I	I	I	I	I	I	I	I	I	I	I	I	I	I	I	I	I	I	I	I	I	I	I	I	I	I	I
O	I	O	I	O	I	O	I	O	I	△	△	△	△	△	△	O	I	O	I	O	I	O	I	O	I	O	I	△	△	△

單波浪鳳尾花

重點提示

根據花紋完整性與帽圍尺寸起針，在減帽頂時要均分8份或6份，按規律減針。

可愛組合帽

材料： 純毛粗線
工具： 6號針
用量： 125克
密度： 21針X24行=10平方公分
尺寸： (公分) 長55　寬27

編織說明：

按排花編織至相應長度，形成長方形，分別串好長繩縫好鈕子。

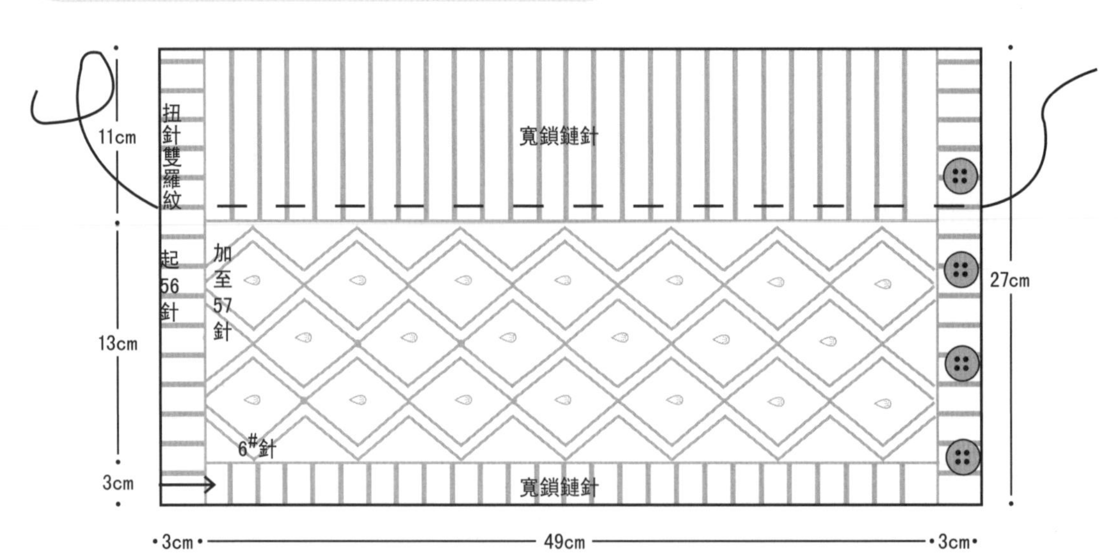

扭針雙羅紋

編織步驟:

1. 用6號針起56針往返織3公分扭針雙羅紋後，加至57針按編織圖織49公分後，再織3公分扭針雙羅紋。全長55公分。
2. 在相應位置縫好釦子。
3. 鉤一根長繩穿入編織紋理內。

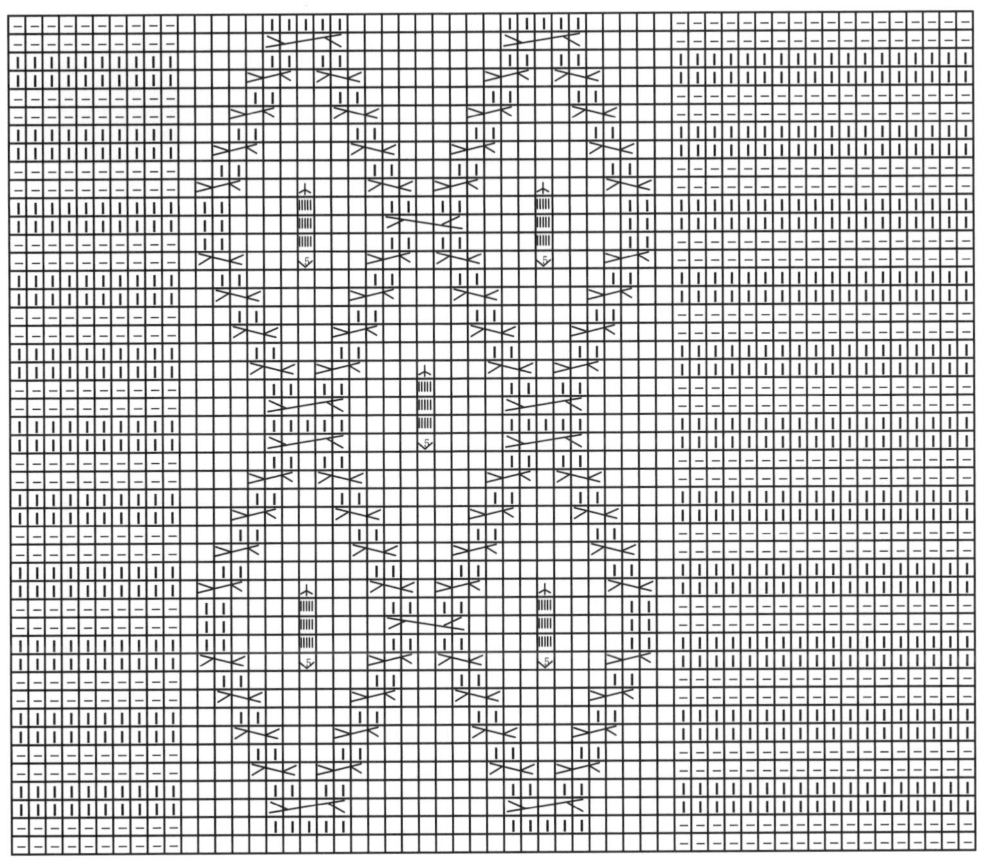

編織圖

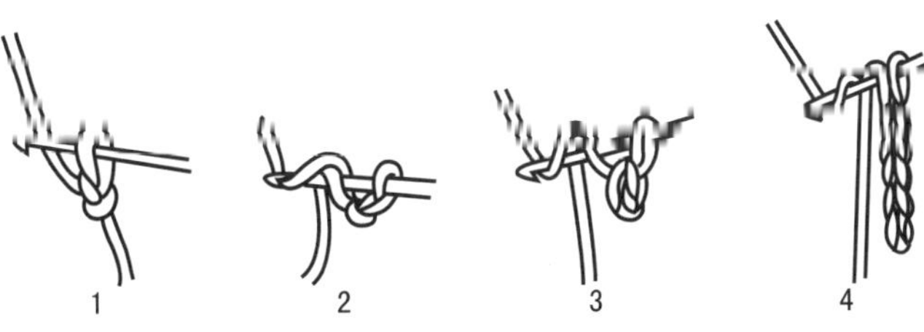

小繩鉤法

重點提示

此作品可以做多用途，不僅可以當做帽子，也可以做披肩和頸圍。

普羅旺斯髮帶

材料：純毛粗線
工具：6號針　3.0鉤針
用量：25克
密度：20針X24行=10平方公分
尺寸：(公分) 長45　寬4

編織說明：

起8針後織鎖鏈針長帶子，然後把鉤好的花朵縫在帶子上。

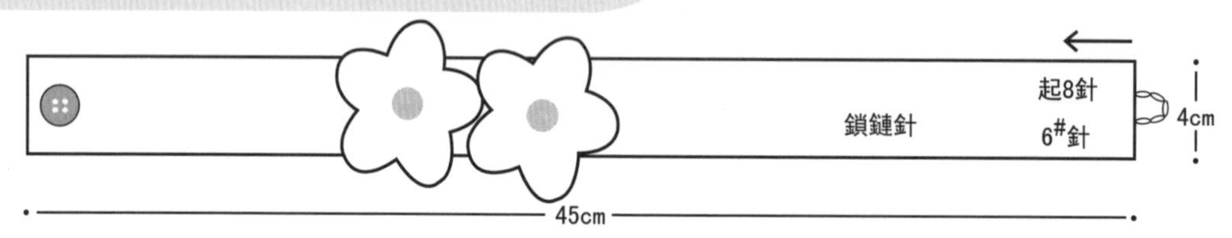

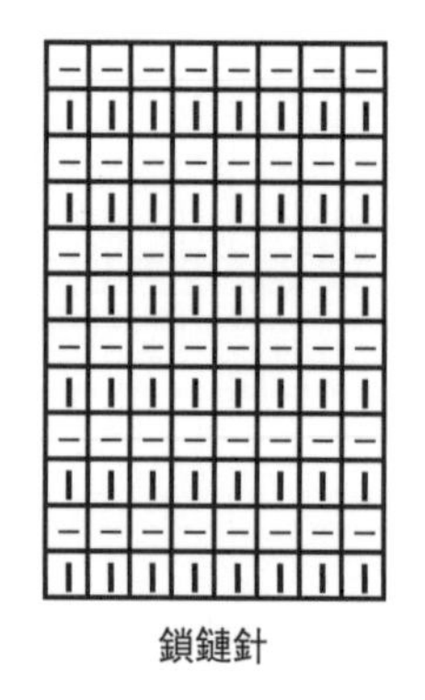
鎖鏈針

花朵鉤法

編織步驟：

1. 用6號針起8針往返織45公分鎖鏈針。
2. 依照圖示鉤花朵，縫合於帶子的一側。
3. 在帶子的兩邊分別縫好釦子和釦套。

重點提示

鎖鏈針的彈性大，髮帶的長度要經常比對頭圍來決定何時收針。

漣漪小披肩

材料： 純毛粗線
工具： 6號針
用量： 200克
密度： 21針×25行=10平方公分
尺寸： (公分) 以實物爲準

編織說明：

起針後環形織圓筒，相應長度後緊收邊；完成兩個相同大小的圓筒後，在起針處縫合兩個圓筒形成背心狀。

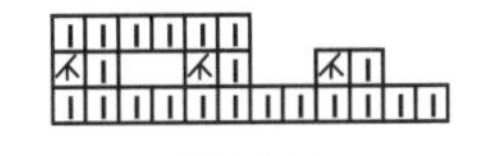
減針方法

縫合方法

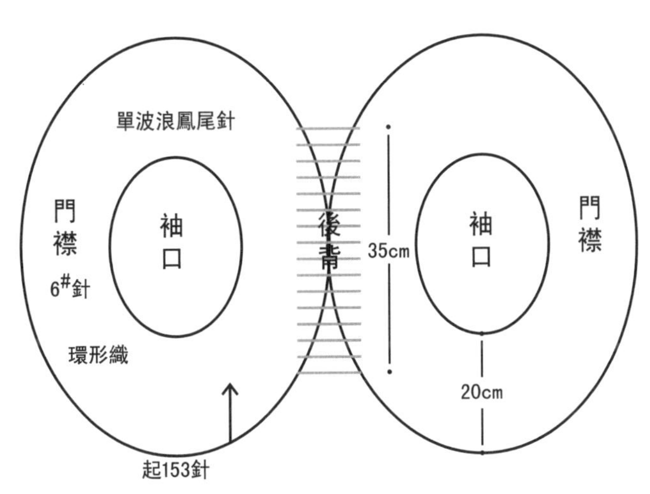

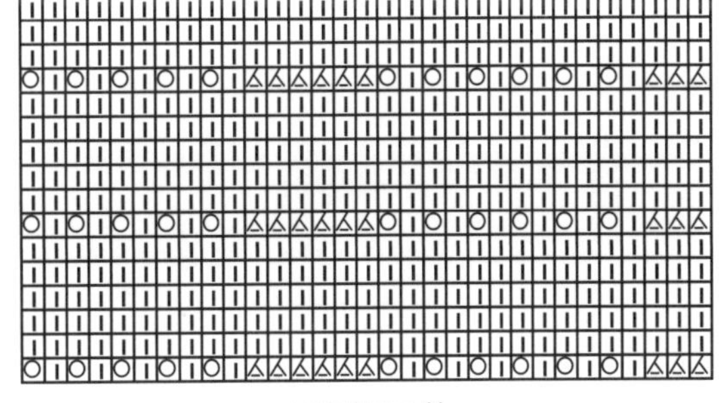
單波浪鳳尾針

編織步驟：

1. 用6號針起153針環形織單波浪鳳尾針。
2. 至20公分時3針併1針緊收平邊，織兩個同樣大小的圓筒。
3. 將兩個圓筒在起針處對頭縫合約35公分的長度。

重點提示

圓筒起針處有自然的波浪效果，縫合時，對準兩圓筒的凹凸部位加以縫合。

擦地拖鞋

材料：麻棉線
工具：6號針

編織說明：

從後腳跟起針織片，相應長度後平加針織圈，腳面織扭針雙羅紋，腳底織綿羊圈圈針，相應長度後減針並串起從內部繫好，從後腳跟隨處按「U」形挑針，相應長度後與平加針處縫合。

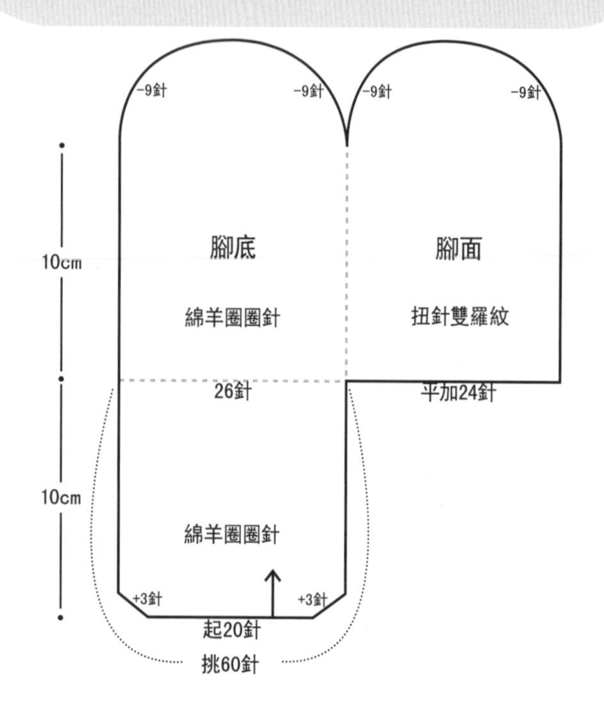

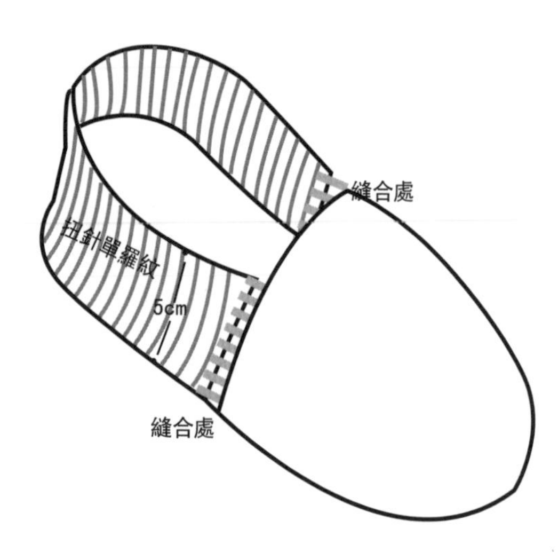

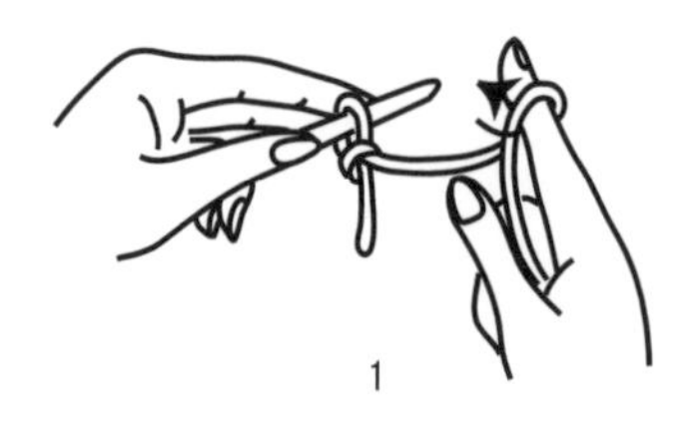

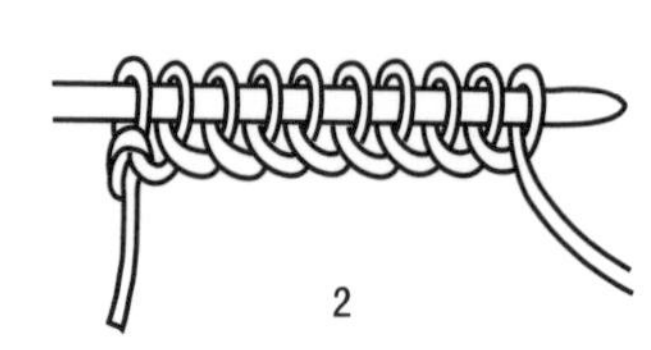

繞線起針法

編織步驟:

1. 用6號針起20針往返織綿羊圈圈針，隔1行在兩邊加1針加3次後直織。
2. 至10公分時，平加24針合圈織，腳面的24針織扭針雙羅紋，腳下的26針織綿羊圈圈針，直織10公分後，隔3行每圈均勻減12針，共減3次，餘14針時串起從內部拉緊繫好。
3. 在後腳跟「U」形邊緣挑出60針織5公分扭針單羅紋，兩邊分別與平加針位置縫合。

扭針單羅紋

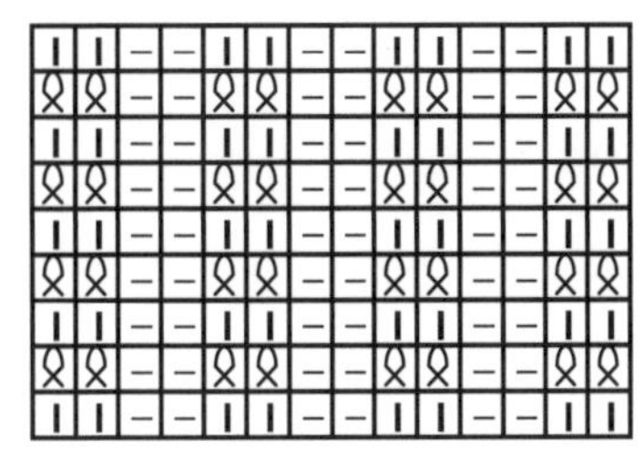

扭針雙羅紋

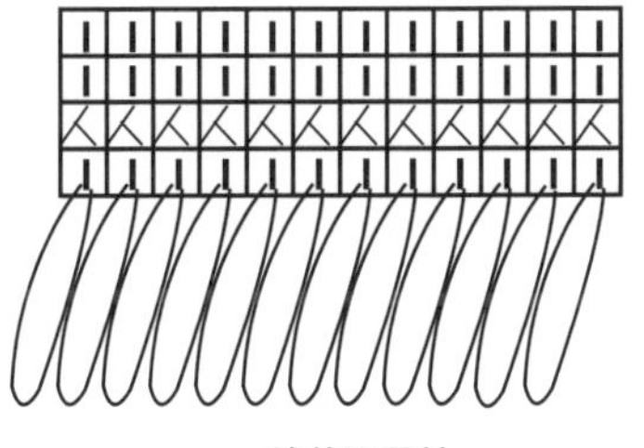

綿羊圈圈針

第一行：右食指繞雙線織下針，然後把線套繞到正面，按此方法織第2針。
第二行：由於是雙線所以2針併1針織下針。
第三、四行：織下針，並拉緊線套。
第五行以後重複第一到第四行。

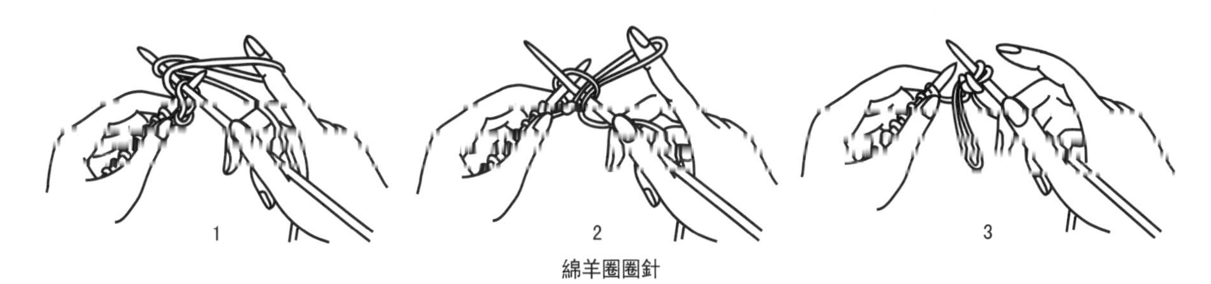

綿羊圈圈針

重點提示

綿羊圈圈針不要織得過長，越短越密實。

海棠果披肩

材料： 純毛粗線
工具： 6號針　3.0鉤針
用量： 400克
密度： 19針X24行=10平方公分
尺寸： (公分) 以實物爲準

編織說明：

從袖口起針後織成環形，至後背時改織片，相應長度後再合圈織另一袖子。

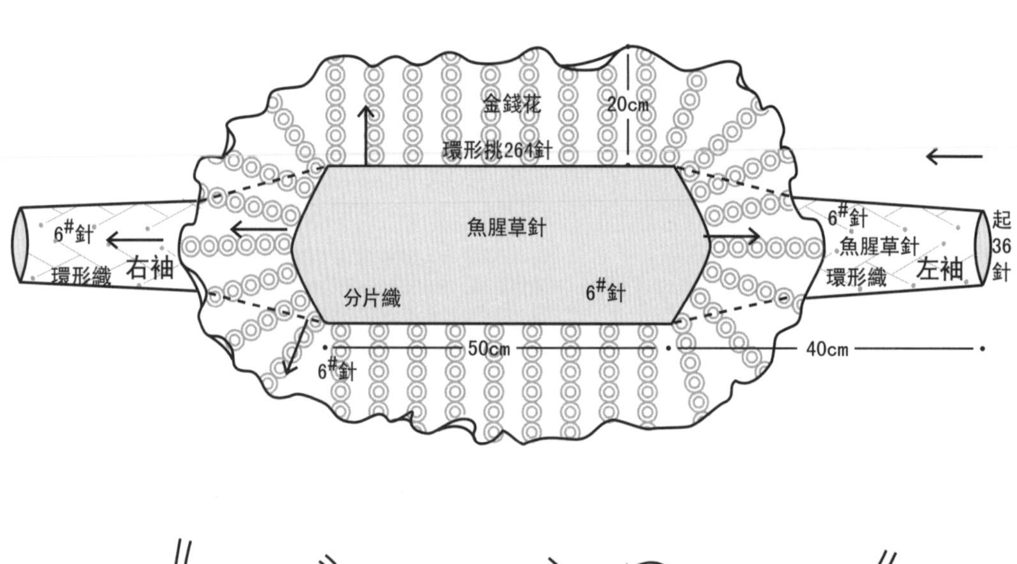

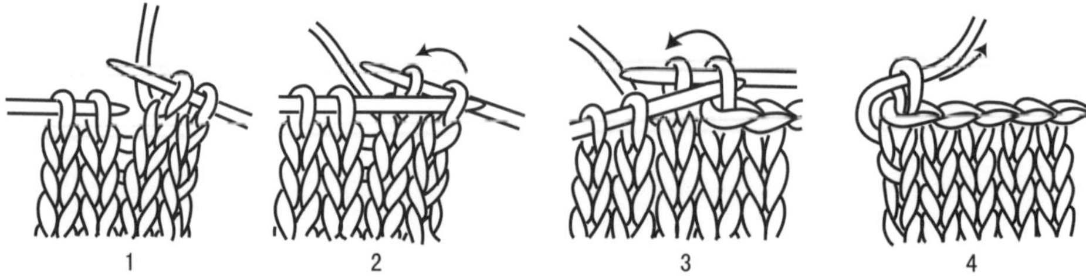

收平邊方法

編織步驟:

1. 用6號針起36針環形織40公分魚腥草針。
2. 分片織50公分後，再合圈織40公分後收針。
3. 從片織的邊緣環形挑出264針鬆織20公分金錢花後鬆收平邊。

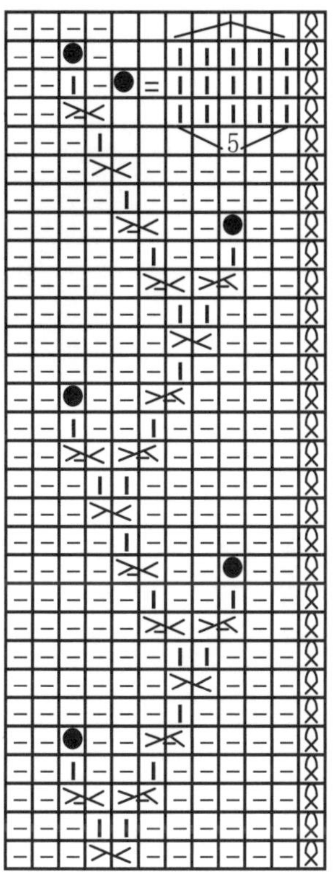
魚腥草針

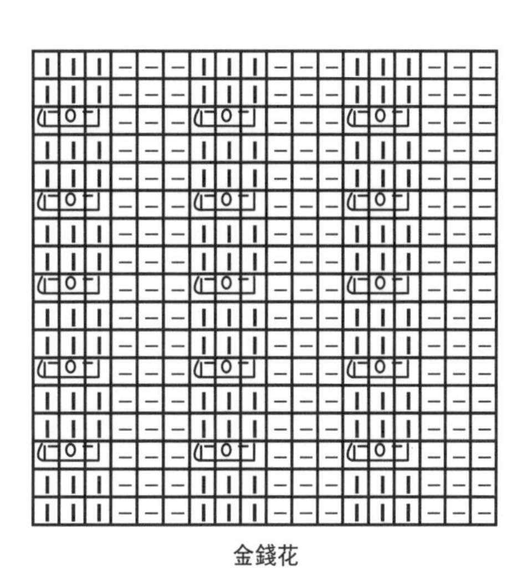
金錢花

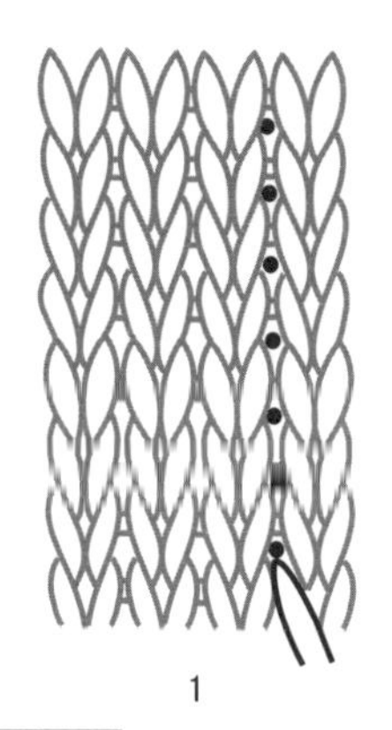
1

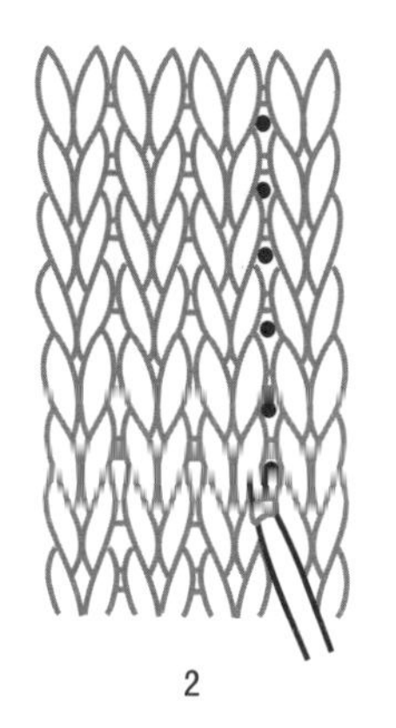
2

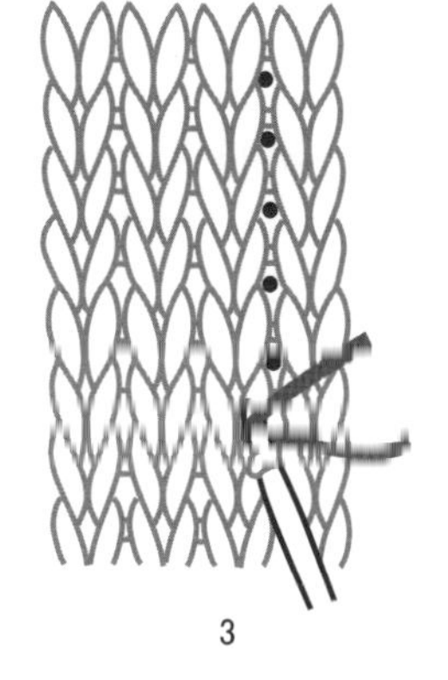
3

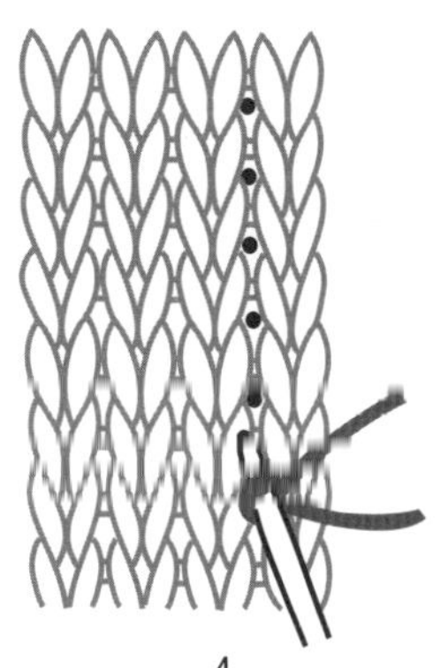
4

挑針織法

重點提示

袖口收針時注意兩袖花紋必須保持對稱。

開襟小外套

材料： 純毛粗線
工具： 6號針
用量： 300克
密度： 22針X24行=10平方公分
尺寸：(公分) 以實物爲準

編織說明：

從左袖起針織成環形，至腋下後統一加針並分片織，相應長度後統一減針合圈織右袖。

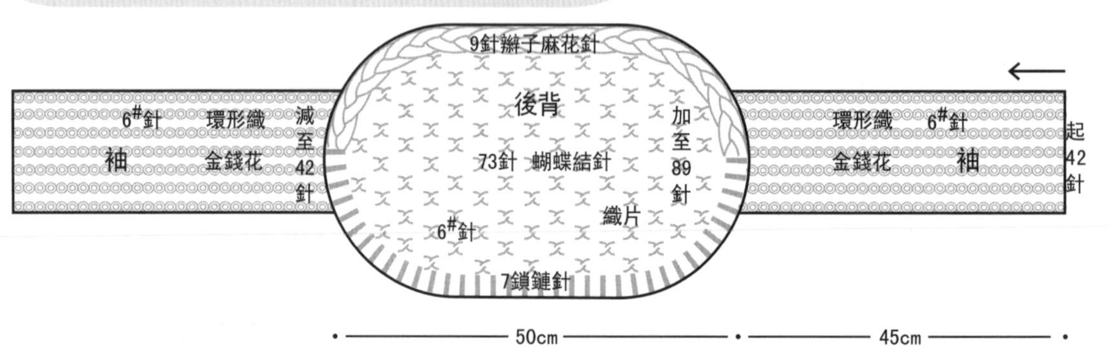

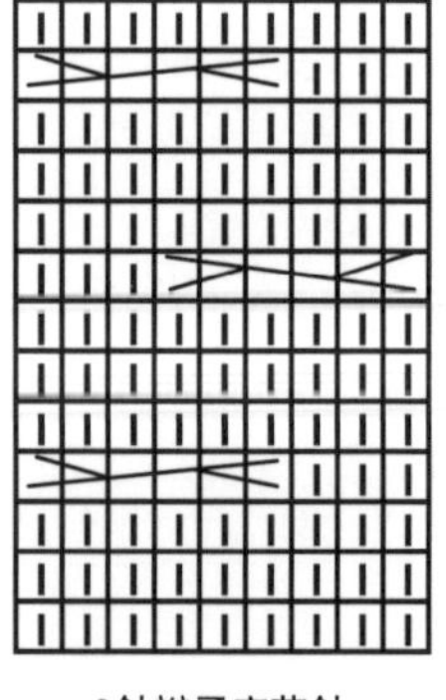
9針辮子麻花針

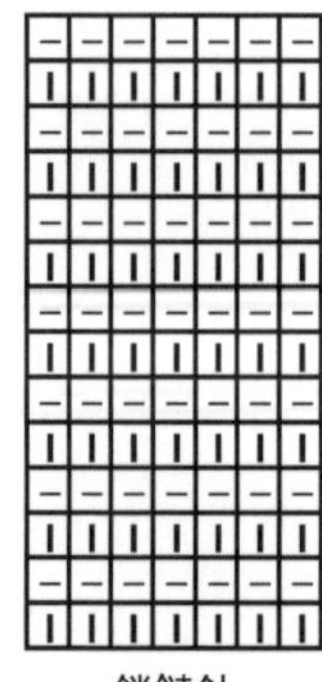
鎖鏈針

編織步驟:

1. 用6號針起42針環形織45公分金錢花後，一次性加至89針改織片，左右各安排7針鎖鏈針和9針辮子麻花針（第4行扭針）。中間73針織蝴蝶結針。
2. 片織50公分後，統一減至42針環形織45公分金錢花後收針。

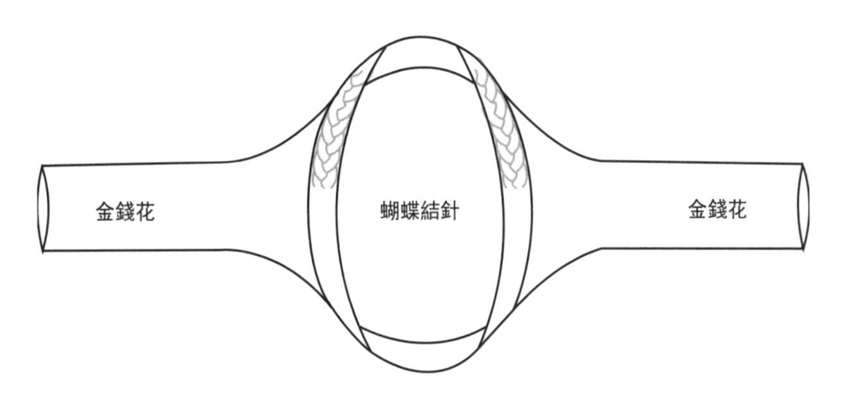

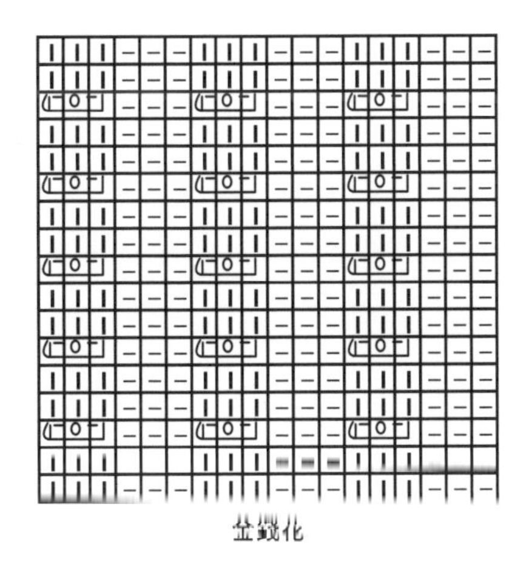
金錢花

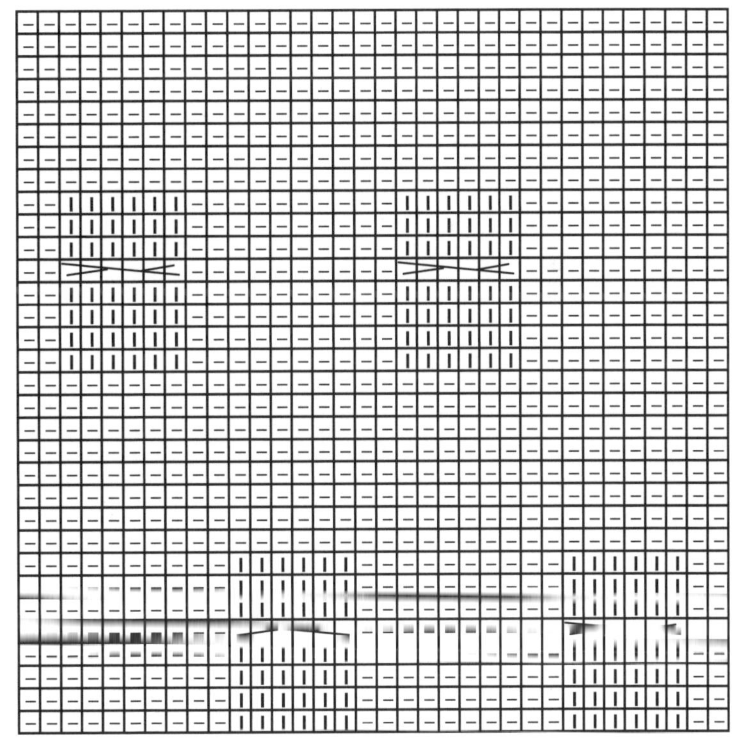
蝴蝶結針

Sweater knit

重點提示

相同針目的辮子麻花扭針時，行距的長短決定了麻花的彈性。

溫柔杏色披肩

材料： 純毛粗線
工具： 6號針
用量： 300克
密度： 21針X25行=10平方公分
尺寸： (公分) 以實物為準

編織說明：

依照圖示及排花織相應長度，領圍和下襬的針法鬆緊不同，即可形成飄逸的披肩。

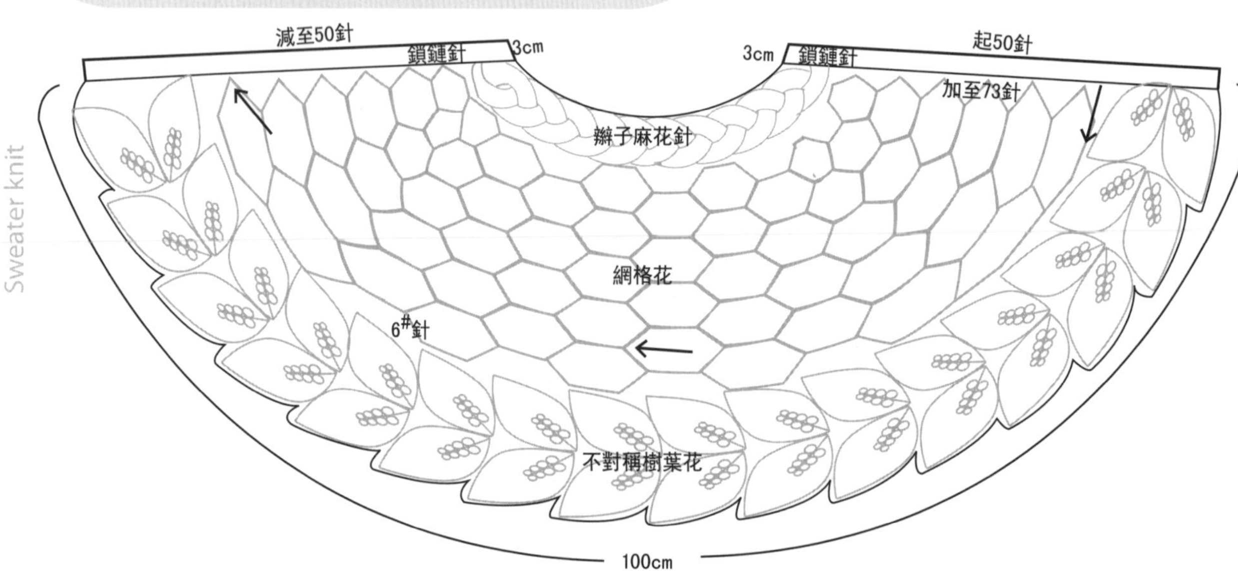

整體排花：

22	1	40	1	9
對稱樹葉花	上針	網格花	上針	辮子麻花針

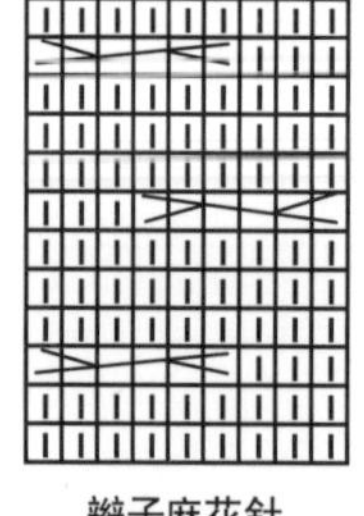
辮子麻花針

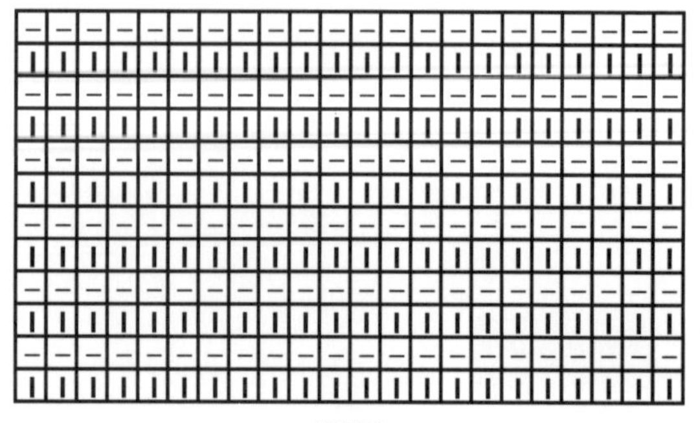
鎖鏈針

編織步驟:

1. 用6號針起50針往返織3公分鎖鏈針。
2. 一次性加至73針按排花織100公分，餘針一次性減至50針織3公分鎖鏈針後收彈性邊。

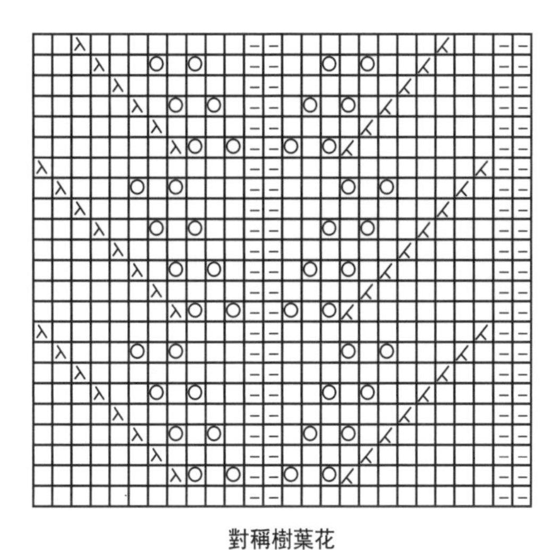

對稱樹葉花

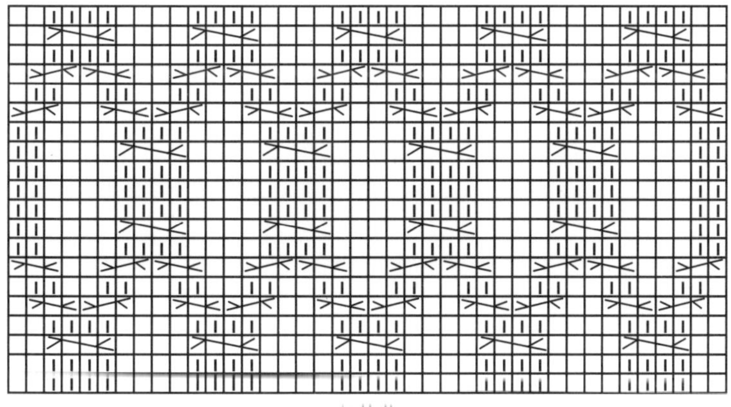

網格花

重點提示

環形織與片織交界處用手針縫合固定。

非洲菊手包

材料：純毛粗線
工具：6號針
用量：125克
密度：20針X24行=10平方公分
尺寸：(公分)長25 寬24

編織說明：

從包口向包底環形織，在包底的兩角規律減針後縫合。從包口挑針織提手，相應長度後縫合，織好花朵和葉子，縫合在相應位置。

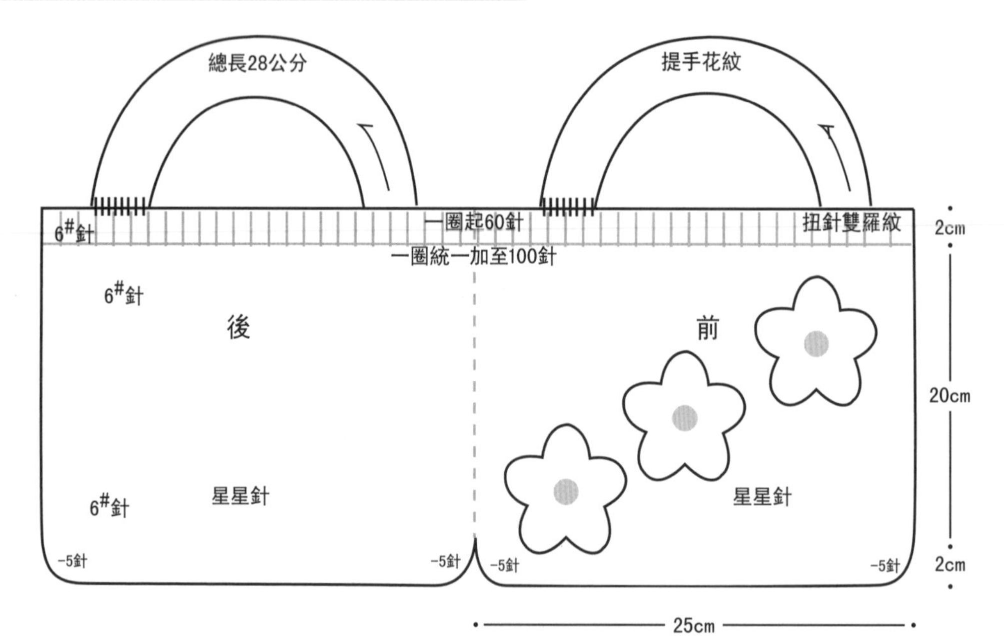

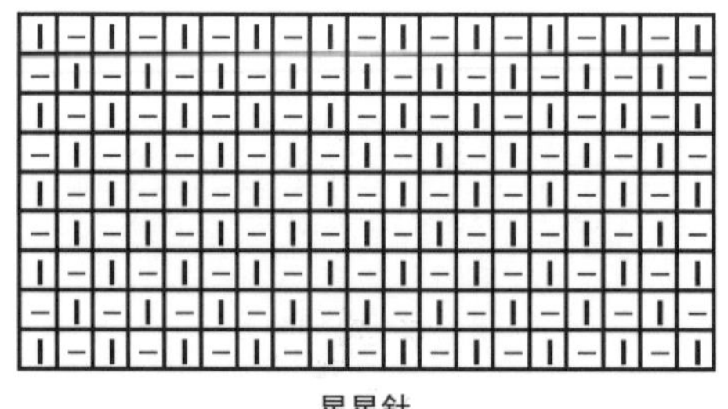

星星針

編織步驟：

1. 用6號針起60針環形織2公分扭針雙羅紋。
2. 統一加至100針改織星星針至20公分處。
3. 在兩側取2針做減針點，在這2針的左右每行減1針共減5次，一圈餘80針，翻向內部織縫。
4. 依照圖示鉤花朵縫在正面。
5. 用6號針起20針編織兩條28公分長的對扭麻花針提手，縫合在相應位置。

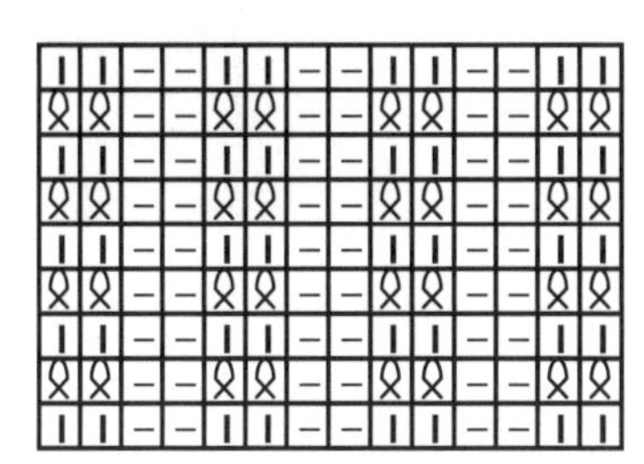
扭針雙羅紋

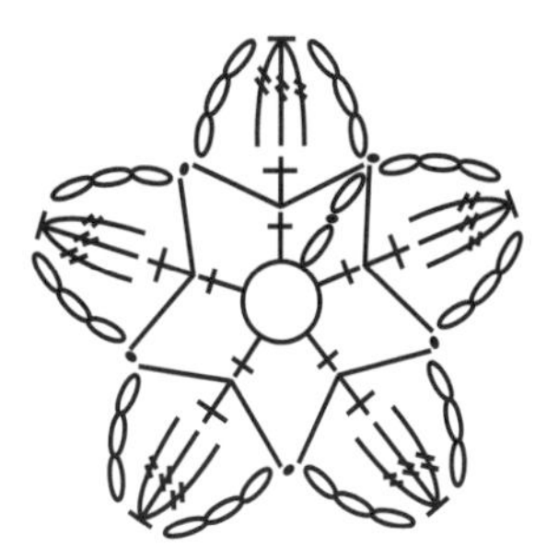
花朵鉤法

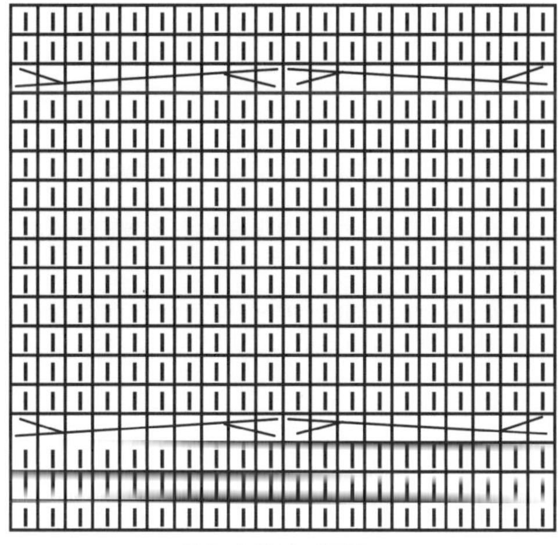
對扭麻花針（提手）

重點提示

包包提手的織法是，挑針後織適當長度，然後在另一側縫合。

魚腥草小披肩

材料： 純毛粗線
工具： 6號針　6號環形針
用量： 350克
密度： 20針X24行=10平方公分
尺寸： (公分) 以實物為準

編織說明：

依照圖示織T形片後，將兩長條與兩脇邊縫合形成袖窿，最後將門襟處一起挑織。

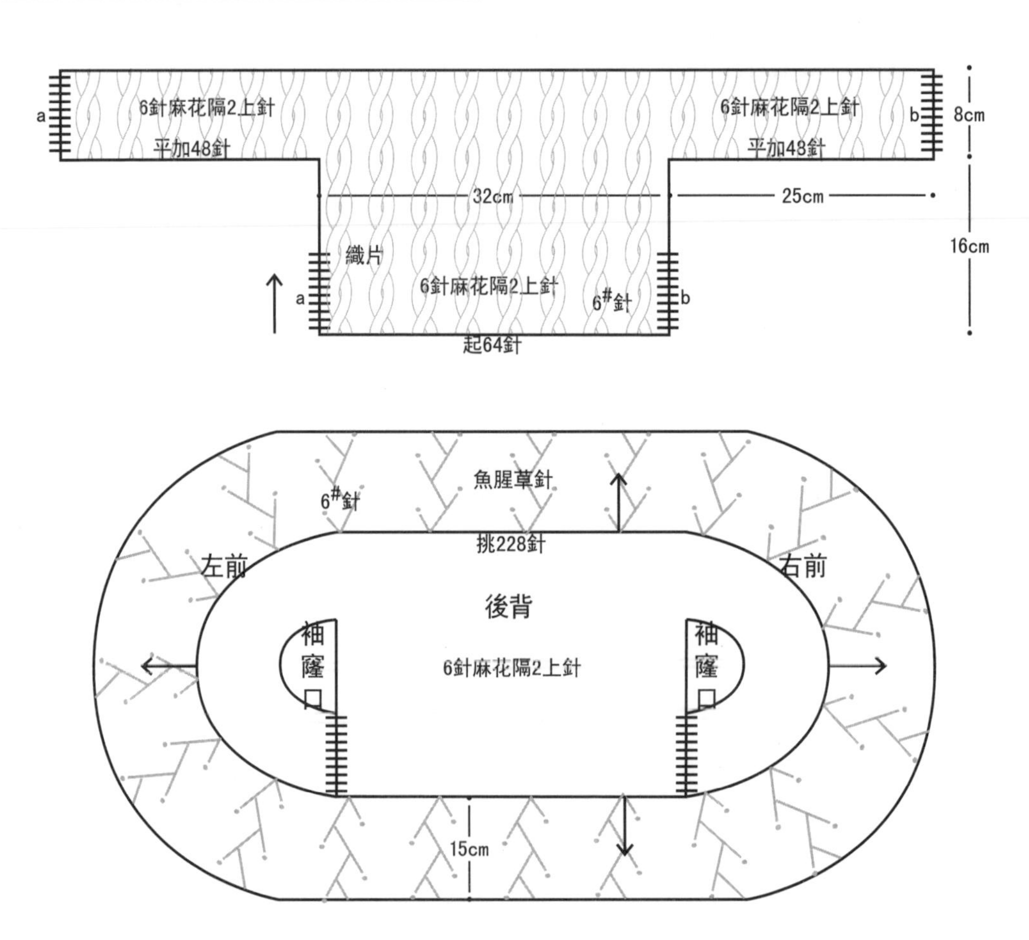

編織步驟:

1. 用6號針起64針往返織6針麻花隔2上針，織片，至16公分時，分別在兩側各平加48針後，向上織8公分6針麻花隔2上針後收針。
2. 如圖示a-a，b-b縫合，開口為袖窿口。
3. 從後頸、領口、門襟及後腰處挑出228針織魚腥草針，15公分後，收彈性邊。

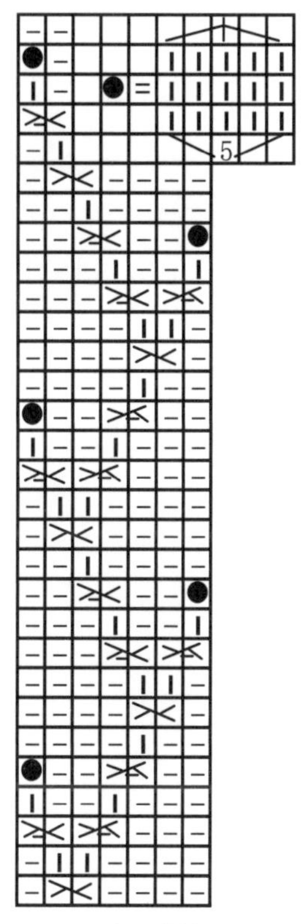

魚腥草針

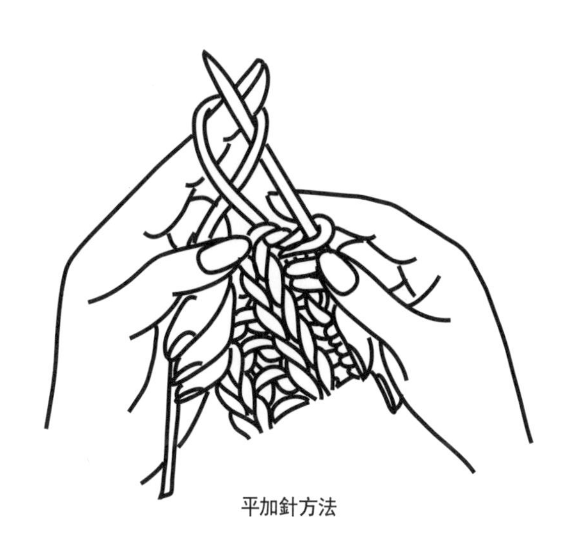

平加針方法

後背排花:

1	6	2	6	2	……	2	6	1
上針	麻花針	上針	麻花針	上針	……	上針	麻花針	上針

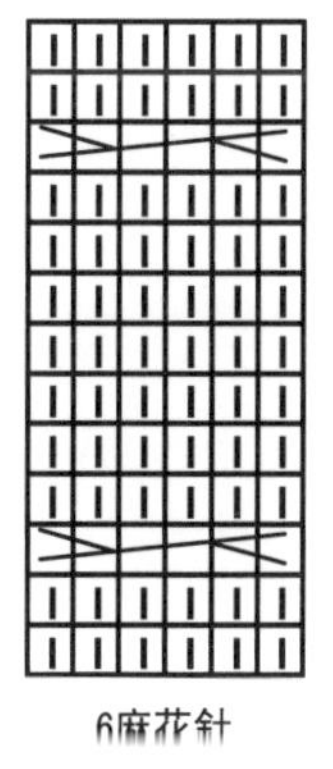

6麻花針

重點提示

挑織圓形門襟時，可用五根同號毛衣針，或用環形針來編織。

多用時尚單品

材料： 純毛粗線
工具： 6號針　3.0鉤針
用量： 150克
密度： 21針X24行=10平方公分
尺寸： (公分) 長48　寬18

編織說明：

依照圖示織一個長方形，分別在相應位置穿入長繩縫好鈕子，即成多用途的飾品。

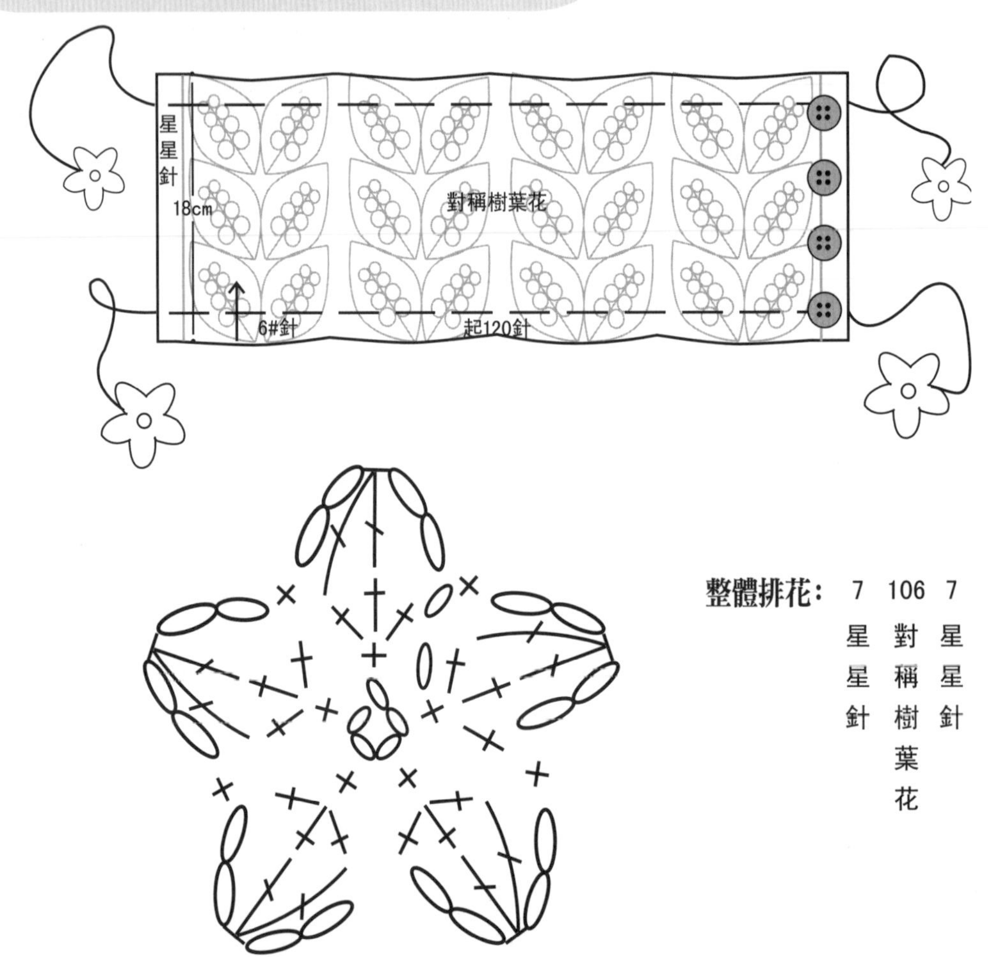

整體排花：

7	106	7
星星針	對稱樹葉花	星星針

編織步驟:

1. 用6號針起120針織18公分對稱樹葉花。
2. 在相應位置縫好鈕子。
3. 鉤兩根長繩，穿入相應位置，繩端繫好花朵。

星星針

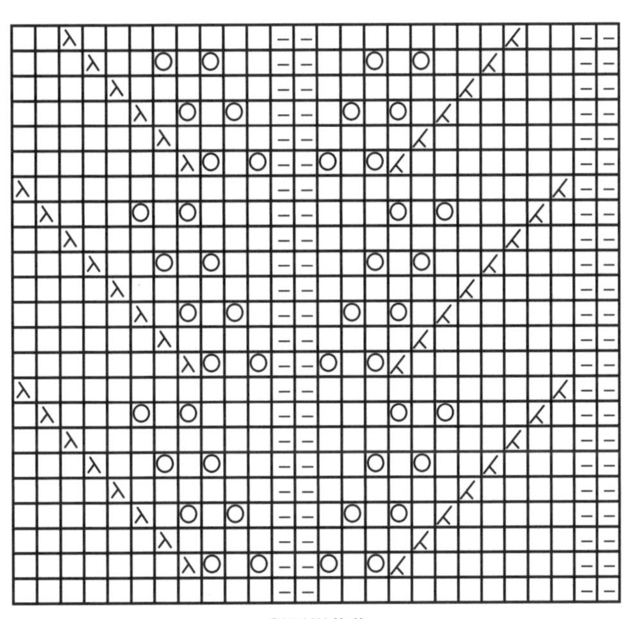
對稱樹葉花

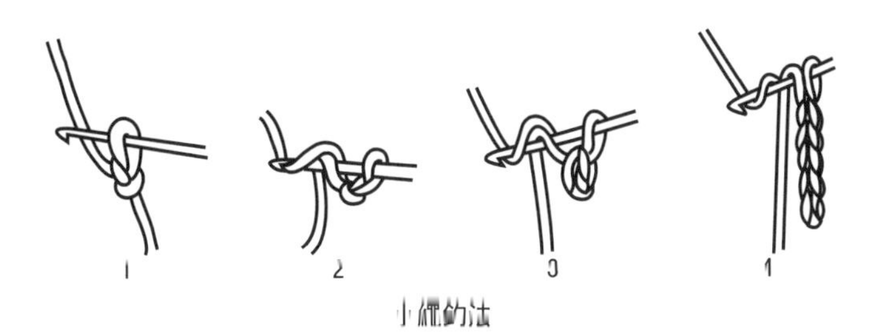
小繩鉤法

重點提示

多用途飾品，可做腰封・披肩・領圍・帽子等。

可愛百變小披肩

材料： 純毛粗線
工具： 6號針
用量： 125克
密度： 21針X24行=10平方公分
尺寸：（公分）長55　寬27

編織說明：

按排花編織至相應長度，形成長方形，分別穿入長繩縫好鈕子。

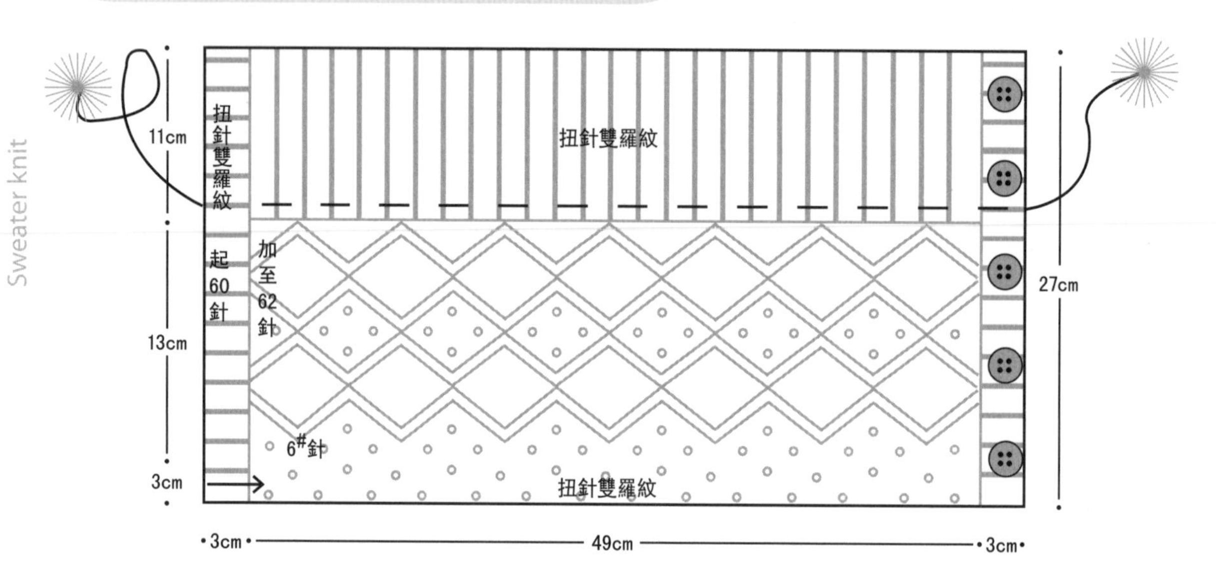

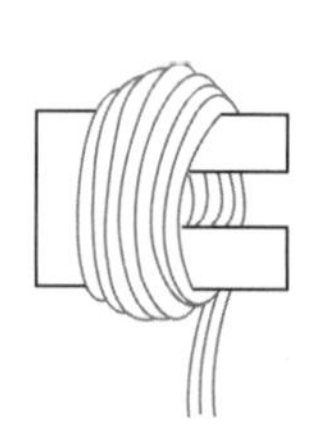
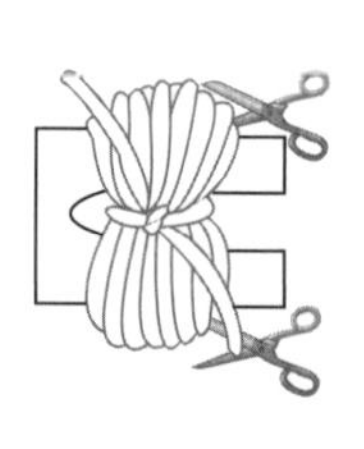
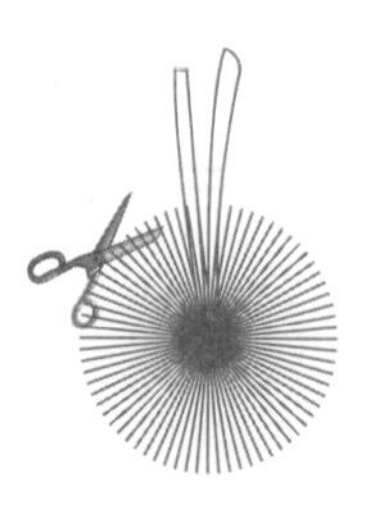

球球做法

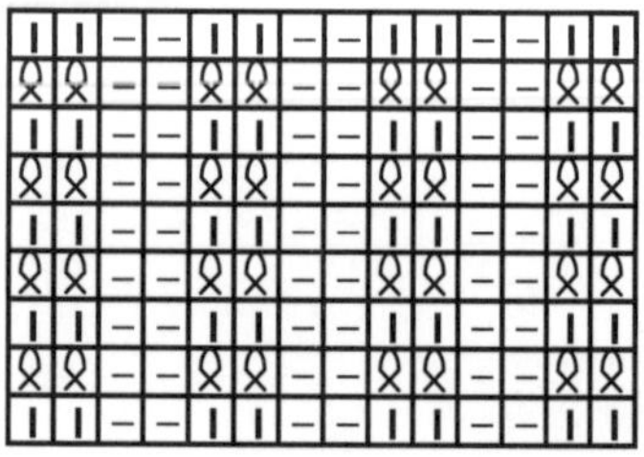

I	I	–	–	I	I	–	–	I	I	–	–	I	I
Q	Q	–	–	Q	Q	–	–	Q	Q	–	–	Q	Q
I	I	–	–	I	I	–	–	I	I	–	–	I	I
Q	Q	–	–	Q	Q	–	–	Q	Q	–	–	Q	Q
I	I	–	–	I	I	–	–	I	I	–	–	I	I
Q	Q	–	–	Q	Q	–	–	Q	Q	–	–	Q	Q
I	I	–	–	I	I	–	–	I	I	–	–	I	I
Q	Q	–	–	Q	Q	–	–	Q	Q	–	–	Q	Q
I	I	–	–	I	I	–	–	I	I	–	–	I	I

扭針雙羅紋

編織步驟:

1. 用6號針起60針往返織3公分扭針雙羅紋後，加至62針按編織圖織49公分後，再織3公分扭針雙羅紋。全長55公分。
2. 在相應位置縫好鈕子。
3. 鉤一根長繩穿入編織紋理內。
4. 做兩個小球繫在繩端。

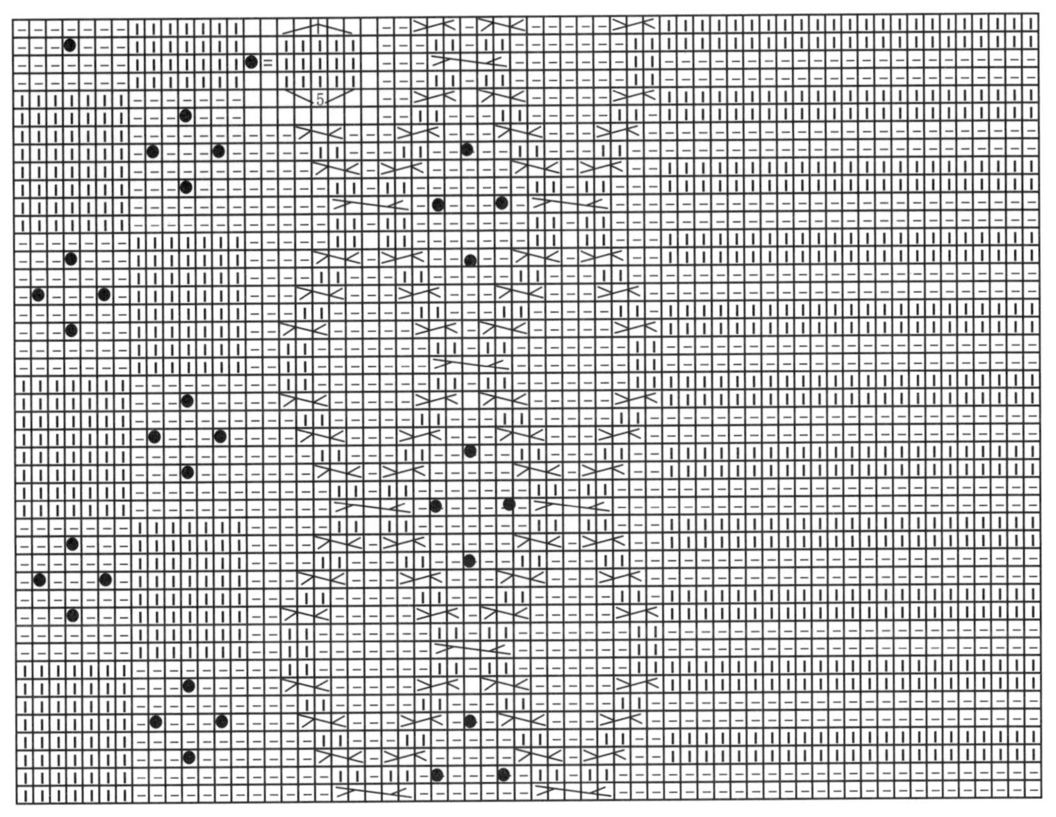

編織圖

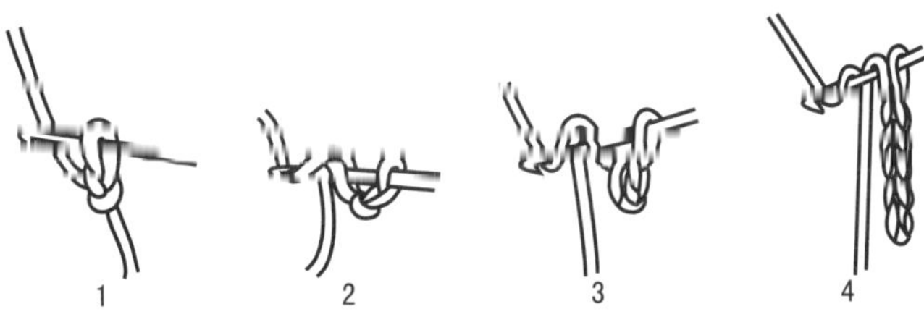

小繩鉤法

重點提示

做球球時，在正中用雙線繫緊，並整理成圓形。

繫帶開口小披肩

材料： 純毛粗線
工具： 6號針
用量： 450克
密度： 19針X24行=10平方公分
尺寸： (公分) 以實物爲準

編織說明：

從下向上織大片，分3片織相應長度再合針即形成開口，肩兩側按規律減針，領口與兩肩的減針同時進行。領子另線起針與領口縫合。

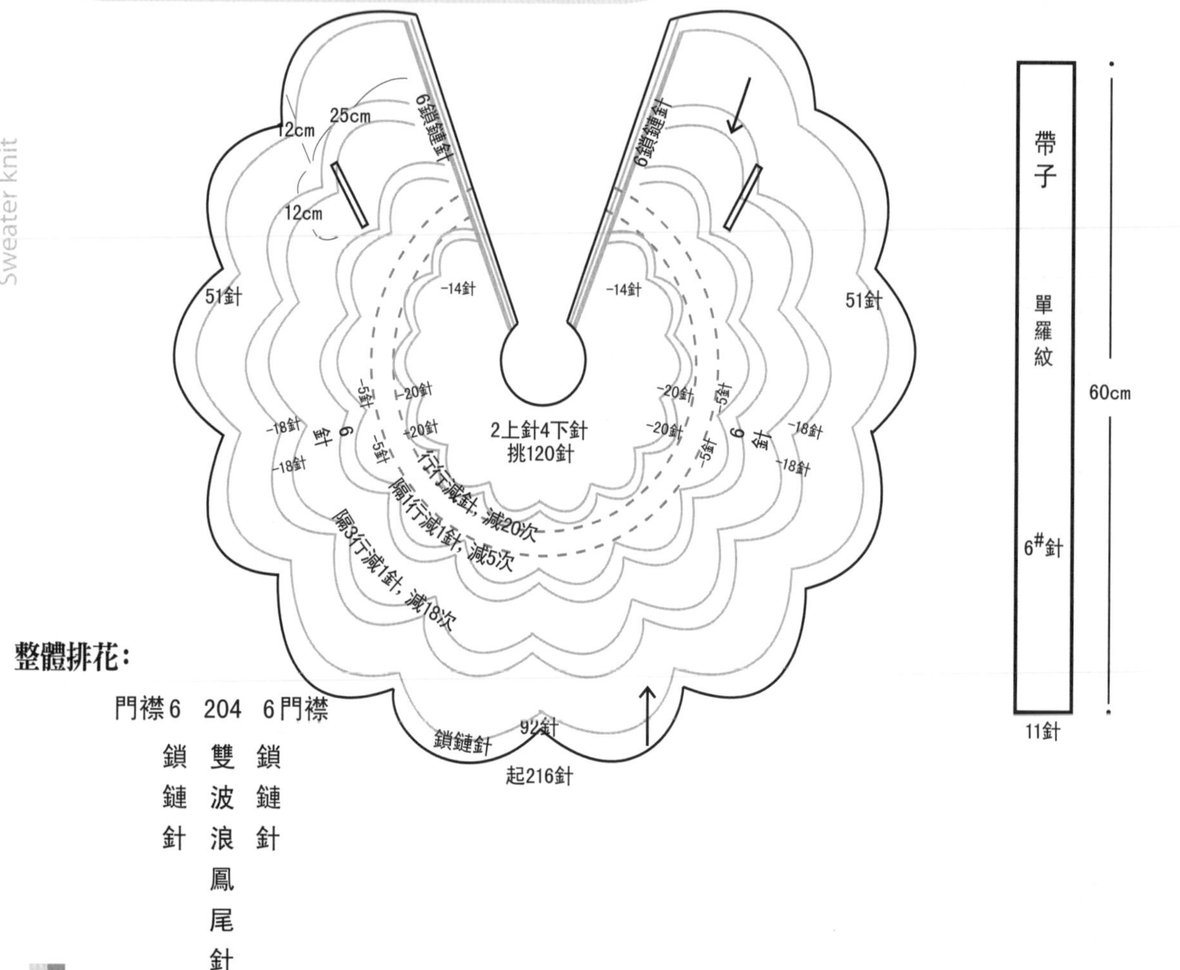

整體排花：

門襟6 204 6門襟

鎖鏈針　雙波浪鳳尾針　鎖鏈針

編織步驟：

1. 用6號針起216針，左右各6針鎖鏈針做為門襟，中間204針織雙波浪鳳尾針。
2. 取左右肩正中位置為減針點，隔3行減1次針共減18次。
3. 總長至12公分後，正面距門襟25公分處分片往返織12公分後合針，形成兩個開口。
4. 總長至36公分後兩側隔1行減1針減5次。然後改為每行減針共減20次形成肩頭。在行行減針的同時減領口，分別在左右隔1行減1次針減14次。
5. 另線起126針織三層曼陀羅針後，與領口縫合。
6. 用同色線從領口挑出11針往返織60公分單羅紋形成帶子。

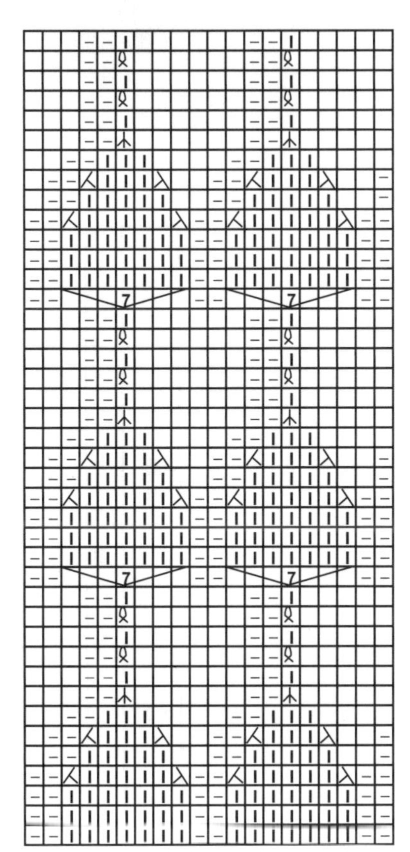

三層曼陀羅針

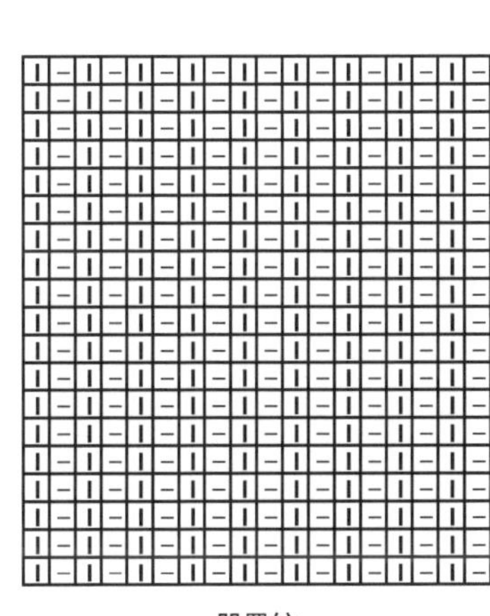

單羅紋

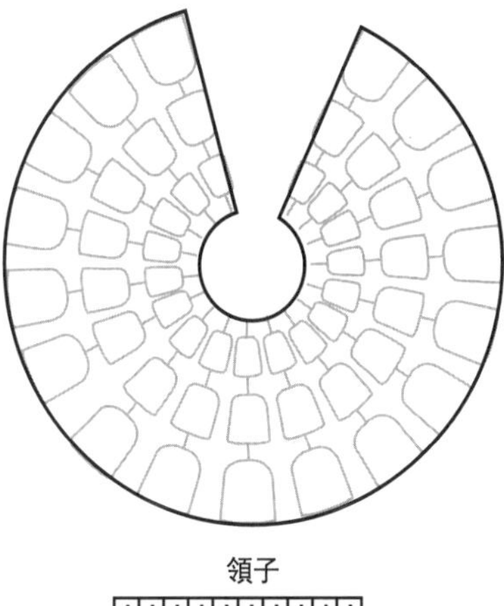

領子

鎖鏈針

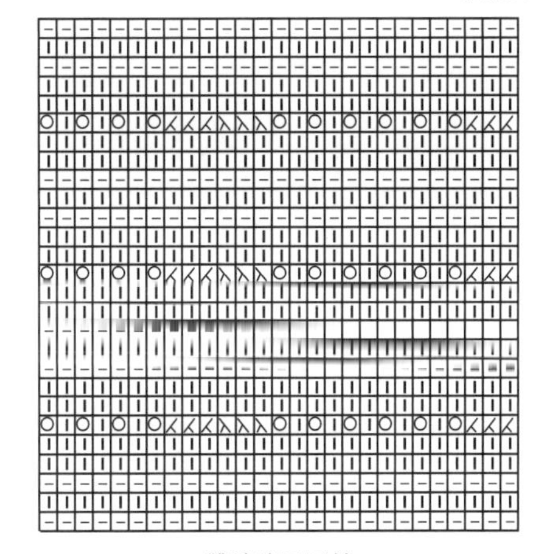

雙波浪鳳尾針

重點提示

至肩頭時，在減針點的左右行行減針，肩頭即會形成自然的圓弧狀。

水紅鏤空小帽

材料： 純毛粗線
工具： 6號針
用量： 75克
密度： 19針X24行=10平方公分
尺寸：（公分）帽圍48　帽高19

編織說明：

從下向上環形織，相應長度後改織扭針單羅紋並均分8份，隔1行在每份內各減1針，餘8針時串起繫好。

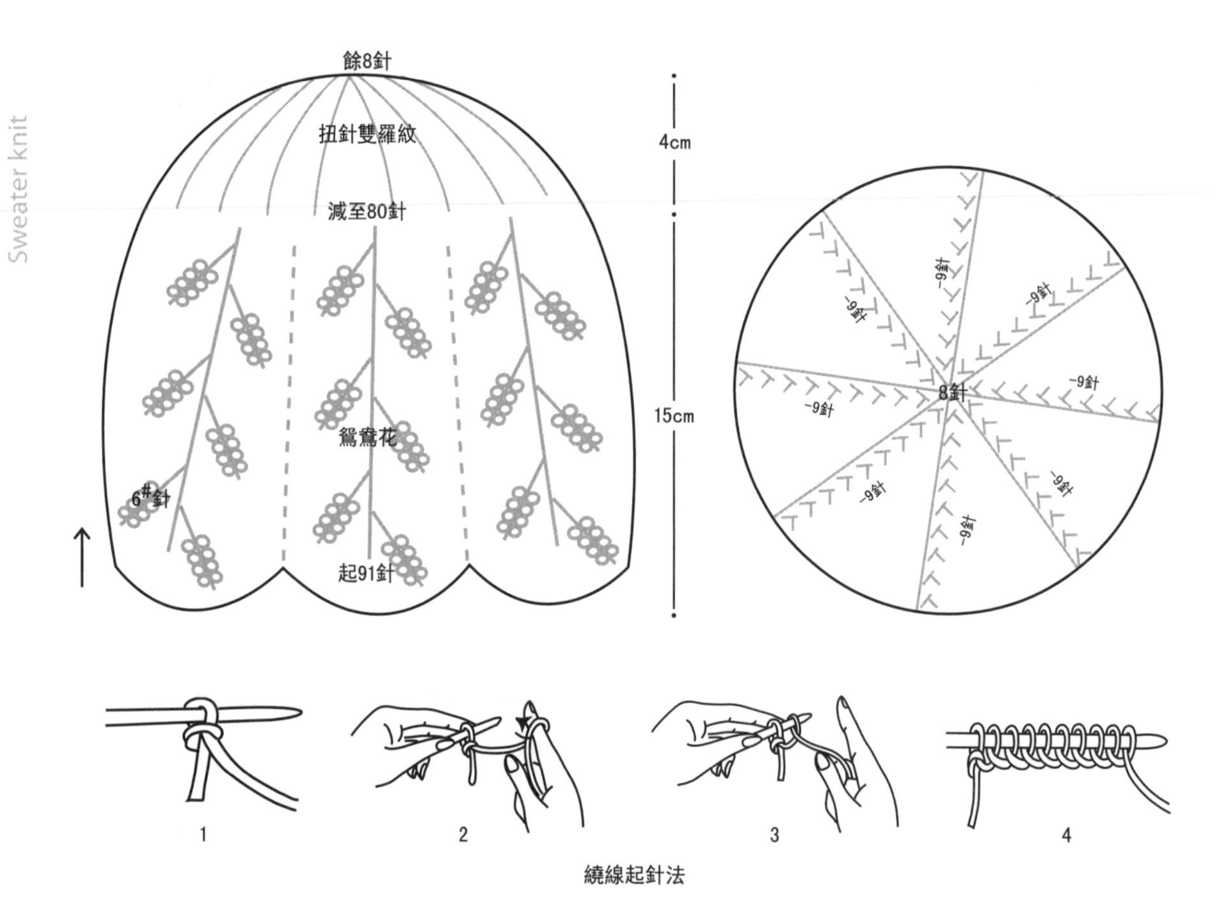

編織步驟:

1. 用6號針起91針環形織鴛鴦花至15公分處。
2. 改織扭針雙羅紋並一次性減至80針。
3. 將所有針目分為8組，每組10針，隔1行分別在每組內減1針，一圈減8針，共減9次。
4. 餘8針時，串入一根線拉緊，從內部繫好。

扭針單羅紋

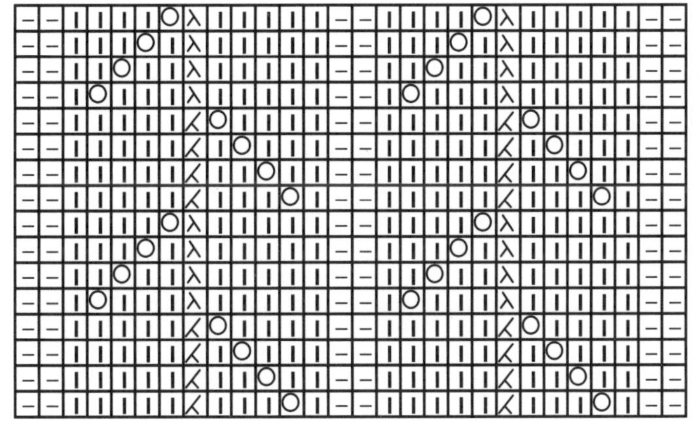

鴛鴦花

重點提示

帽邊用繞線起針後直接織花紋，花邊出現自然的波浪效果。

兩穿花朵披肩

材料：純毛粗線
工具：6號針　3.0鉤針
用量：300克
密度：21針X25行=10平方公分
尺寸：(公分) 以實物為準

編織說明：

依照圖示及排花織相應長度，領子和下襬的針法鬆緊不同，形成自然波浪狀的披肩。將鉤好的花朵縫合於領口處。

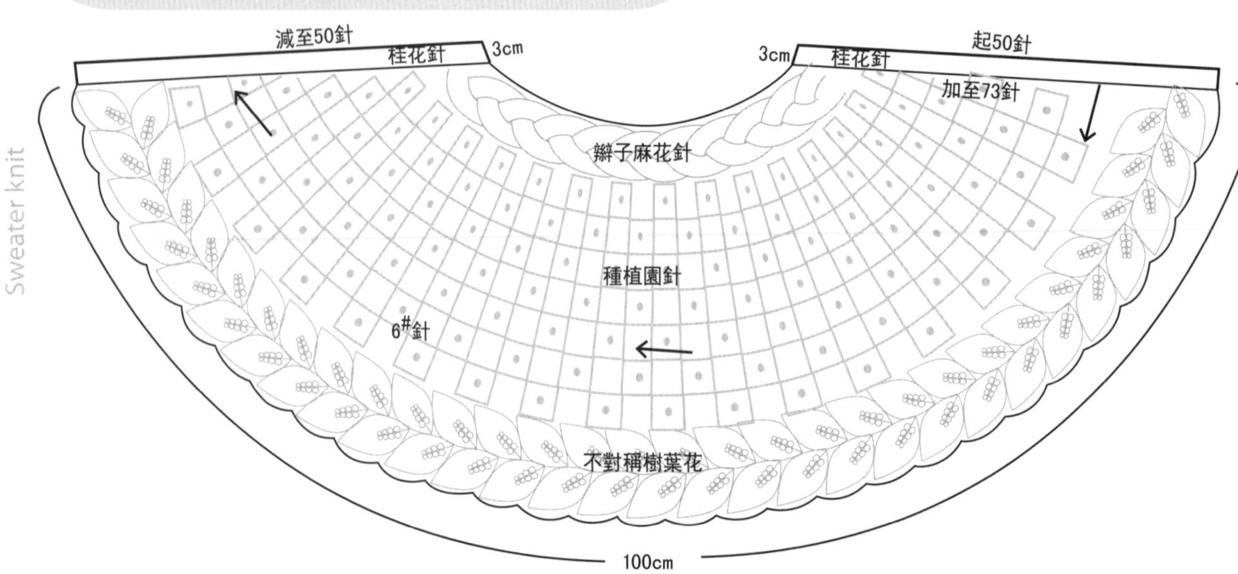

整體排花：

13	1	49	1	9
不對稱樹葉花	上針	種植園針	上針	辮子麻花針

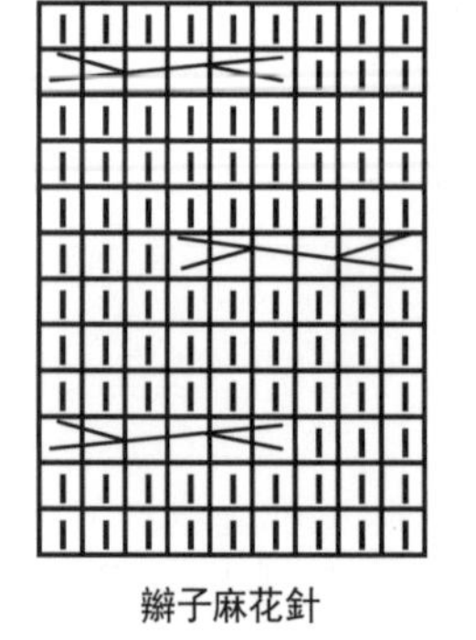
辮子麻花針

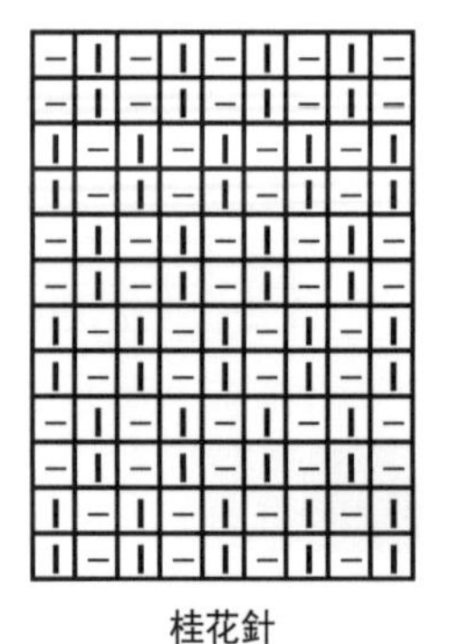
桂花針

編織步驟:

1. 用6號針起50針往返織3公分桂花針。
2. 一次性加至73針按排花織100公分，餘針一次性減至50針織3公分桂花針後收彈性邊。
3. 織花朵縫合於領子開口處。

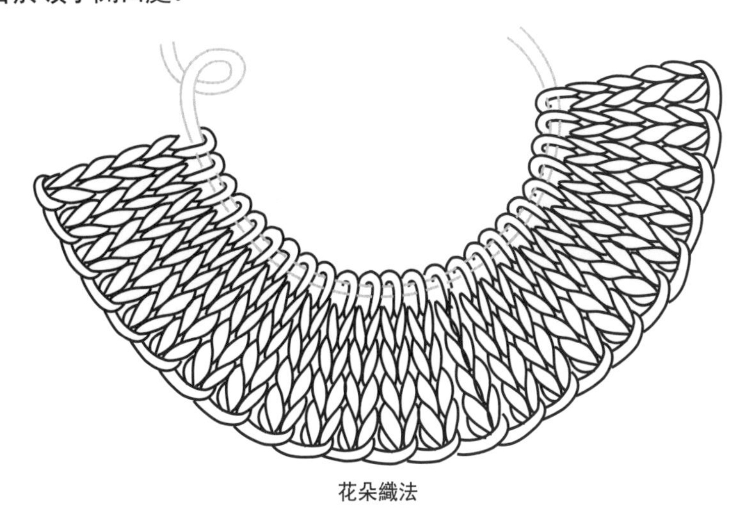

花朵織法

種植園針

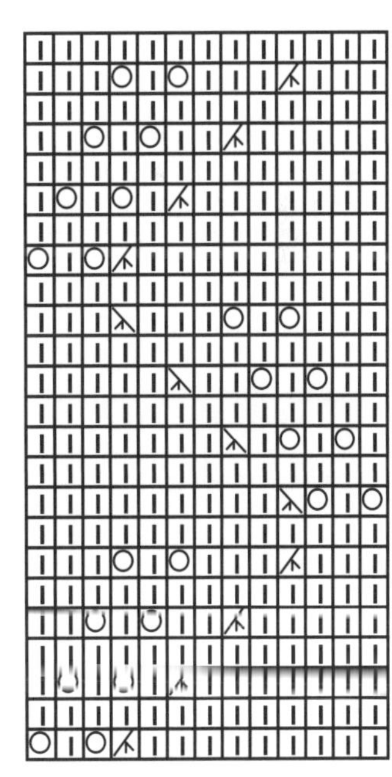

不對稱樹葉花

重點提示

桂花針漲針，爲保持整體密度一致，起針和收針處的桂花針應少於主花紋針目。

嫻靜流蘇披肩

材料：純毛粗線
工具：6號針
用量：400克
密度：24針X26行=10平方公分
尺寸：(公分) 以實物爲準

編織說明：

按排花織一條寬圍巾，將相應位置縫合後形成披肩。

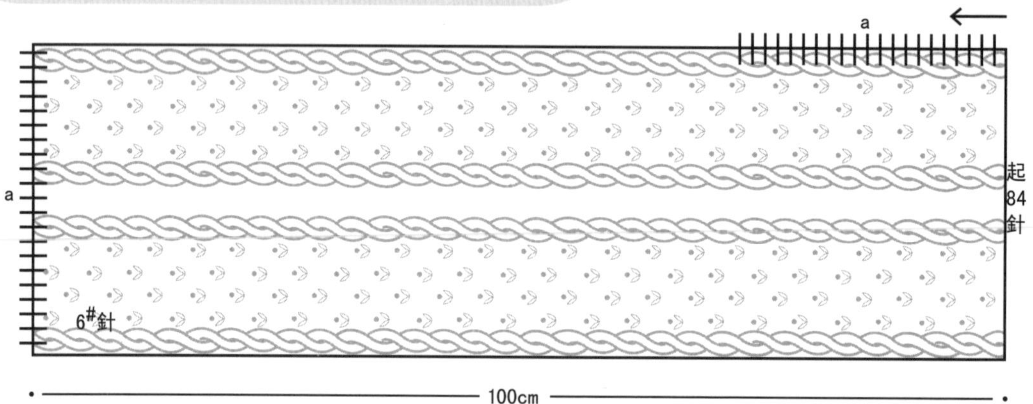

整體排花：

1	6	2	20	2	6	1	8	1	6	2	20	2	6	1
下針	麻花針	上針	春蕾針	上針	麻花針	上針	下針	上針	麻花針	上針	春蕾針	上針	麻花針	下針

編織步驟:

1. 用6號針起84針按排花往返織100公分，依照圖示縫合。

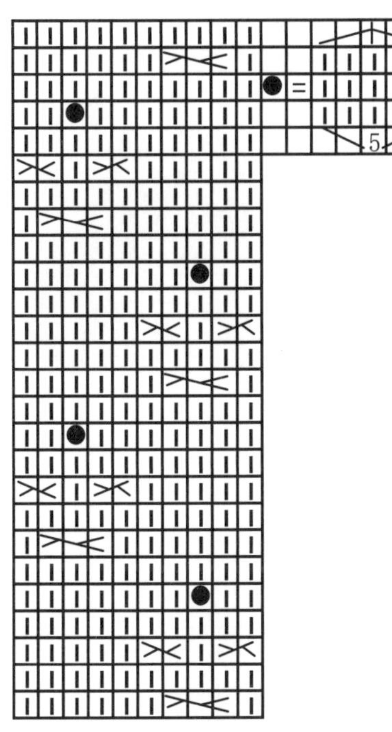

春雷針

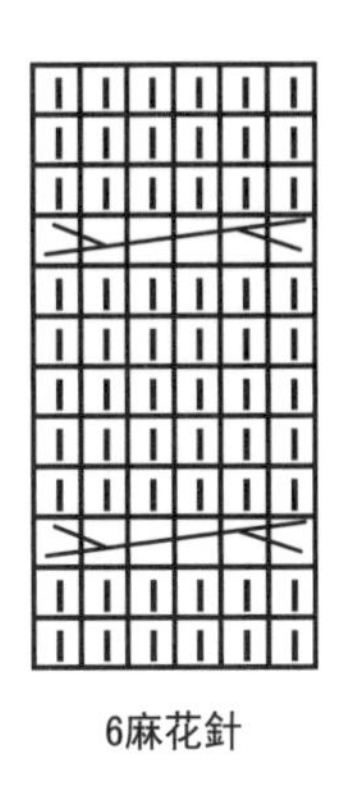
6麻花針

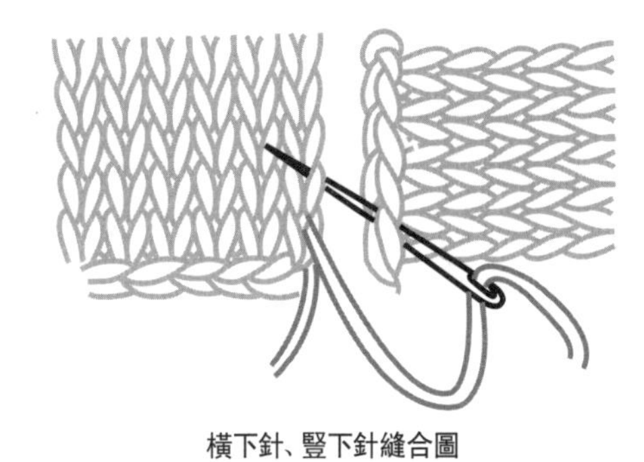
橫下針、豎下針縫合圖

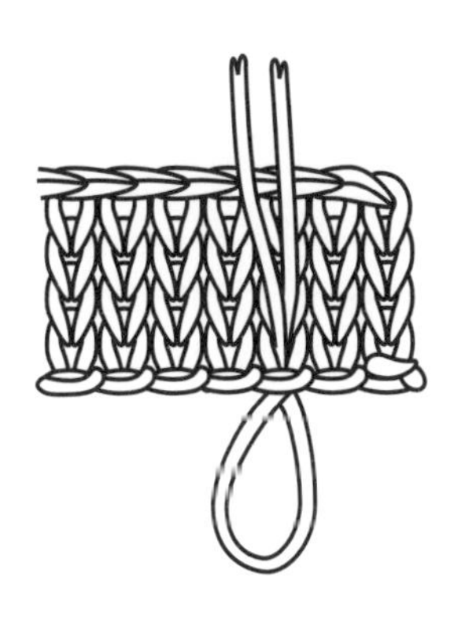

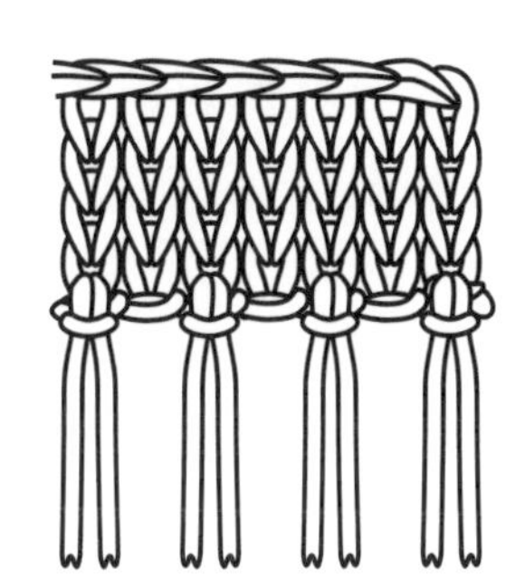
繫流蘇方法

重點提示

從同一方向進針，流蘇結整齊而精緻。

葉子小圍巾

材料：純毛粗線
工具：6號針
用量：150克
密度：20針X24行=10平方公分
尺寸：(公分) 以實物為準

編織說明：

起針從葉柄向上織，先加針後減針，織6個葉子依照圖示縫合。

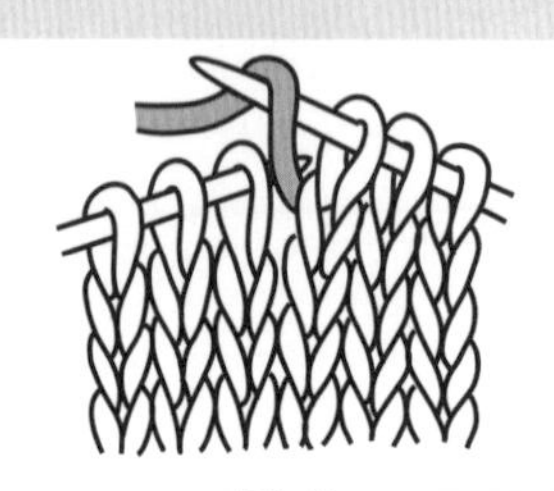

空加針

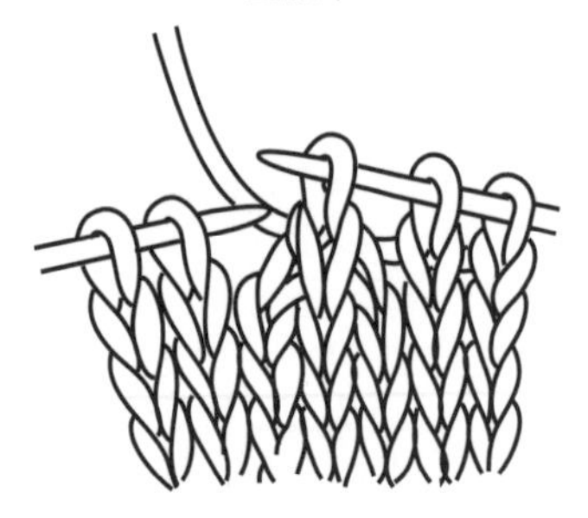

3針併1針

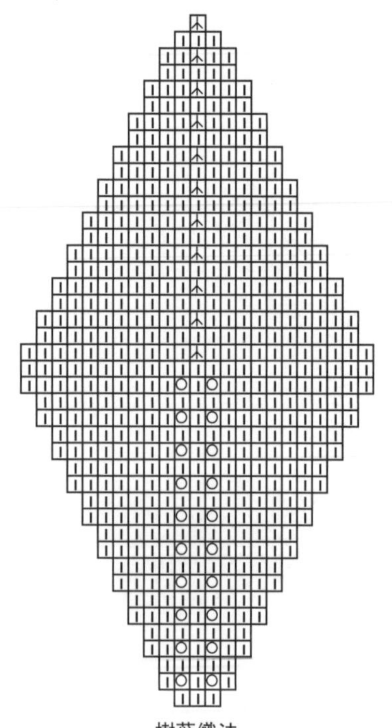

樹葉織法

編織步驟：

1. 用6號針起3針織下針，隔1行在1下針的左右加1針，共加10次後，再從兩側隔1行減1針，減光所有針目形成葉子。
2. 依照圖示縫合在一起，形成領巾。

重點提示

縫合時用同色單線鬆縫起來。

手鉤大花朵包

材料： 純毛粗線
工具： 3.0鉤針
用量： 200克
密度： 20針X24行=10平方公分
尺寸： (公分) 長22　寬22

編織說明：

鉤兩個相同花朵的大圓片，花朵向外，縫合兩個花片，開口處為包包口。

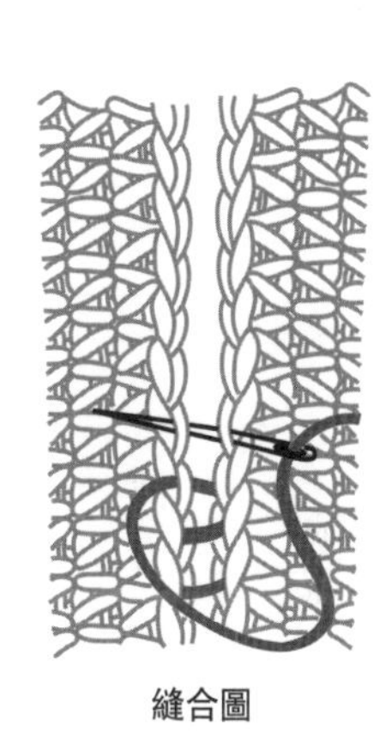

縫合圖

編織步驟：

1. 從花心起針向四周擴散鉤織，直徑為22公分。
2. 鉤兩個相同大小的的花朵，上緣開口處多鉤4行短針。花片相對，花朵在外從邊緣鉤縫。
3. 在提手位置留出開口。

重點提示

縫合包包邊緣時，可以用鉤針從內部鉤縫，也可以用手針，但避免拉線過緊。

扇蛑背心

材料： 純毛粗線
工具： 6號針
用量： 200克
密度： 21針×25行=10平方公分
尺寸： (公分) 以實物為準

編織說明：

起針後環形織圓筒，相應長度後緊收邊；完成兩個相同大小的圓筒後，在起針處縫合兩個圓筒形成背心；在上緣挑針織領子。

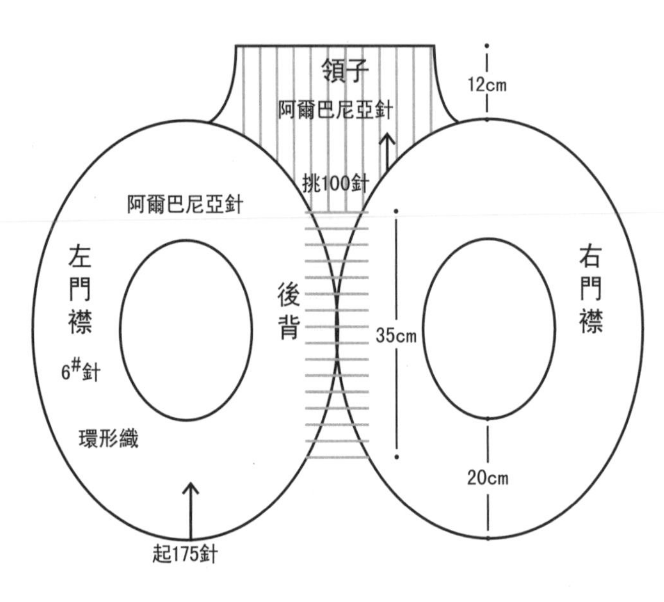

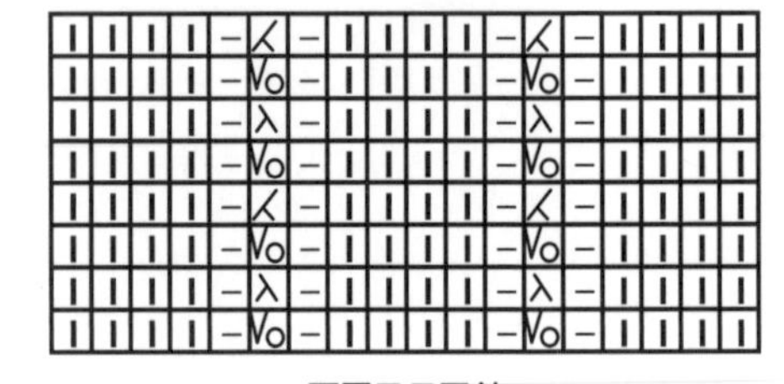
阿爾巴尼亞針

減針方法

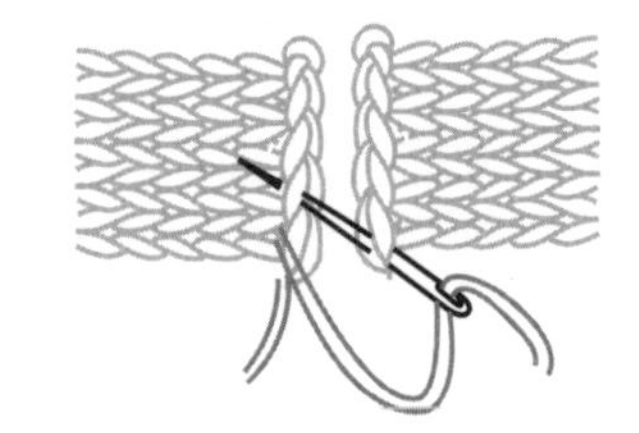
縫合方法

編織步驟：

1. 用6號針起175針環形織阿爾巴尼亞針。
2. 至20公分時3針併1針緊收平邊。
3. 織兩個同樣大小的圓筒，在起針處對頭縫合兩個圓筒，約35公分長。
4. 從上緣挑出100針往返織12公分阿爾巴尼亞後收平邊。

重點提示

縫合兩個圓筒時，應對齊花紋。挑織翻領時，花紋在內。

神秘紫胸花

材料：純毛粗線
工具：3.0鉤針

編織說明：

依照圖示鉤花朵，組合後形成胸花。

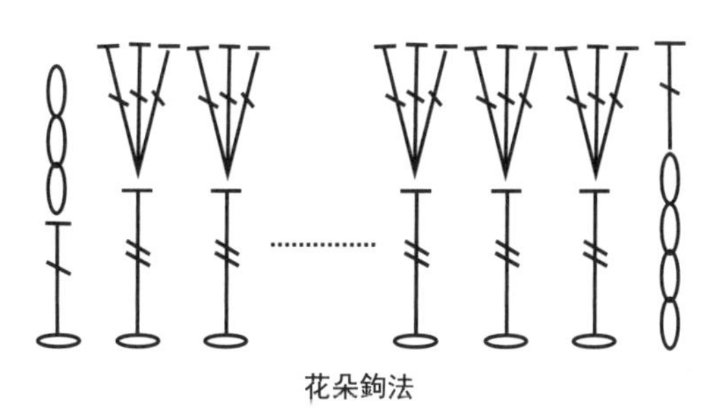

花朵鉤法

重點提示

按圖解方法鉤長條，捲起後形成花朵，三朵縫合在一起形成胸花。

心型花紋小披肩

材料： 純毛粗線
工具： 6號針　3.0鉤針
用量： 100克
密度： 20針X24行=10平方公分
尺寸：（公分）長50　寬24

編織說明：

依照圖示織一個長方形，不用加減針，收針後鉤好小繩和流蘇。

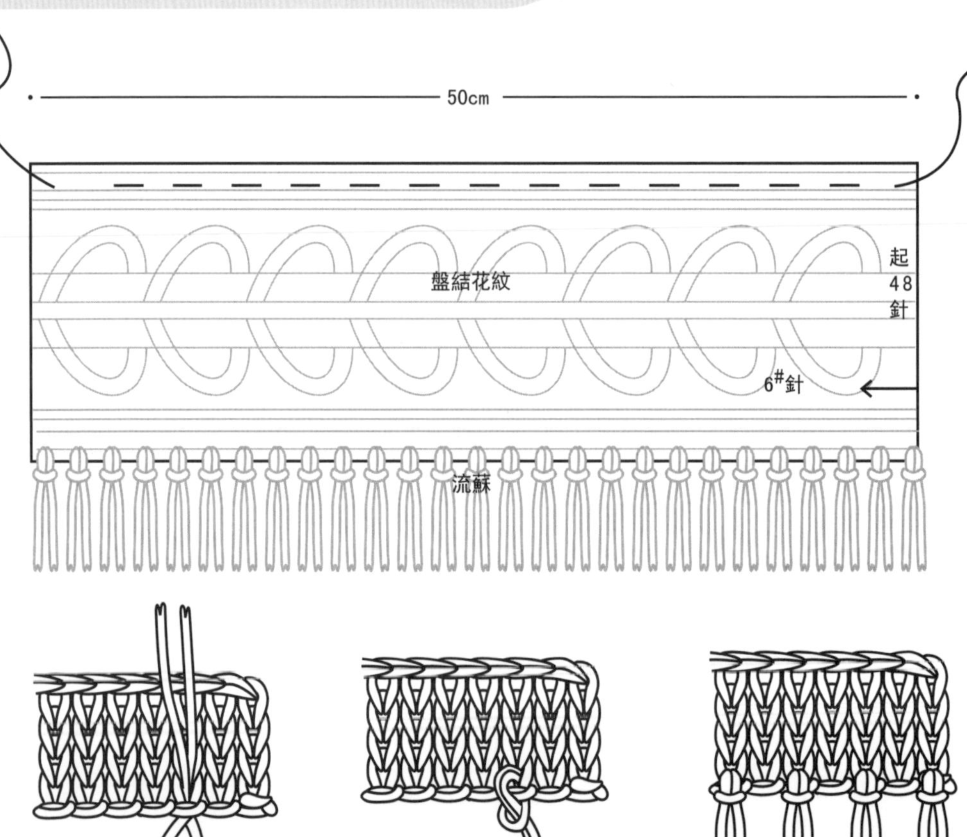

繫流蘇方法

編織步驟:

1. 用6號針起48針織50公分盤結花紋後收針。
2. 在領上緣兩端各鉤一根長繩。
3. 在下緣繫好流蘇。

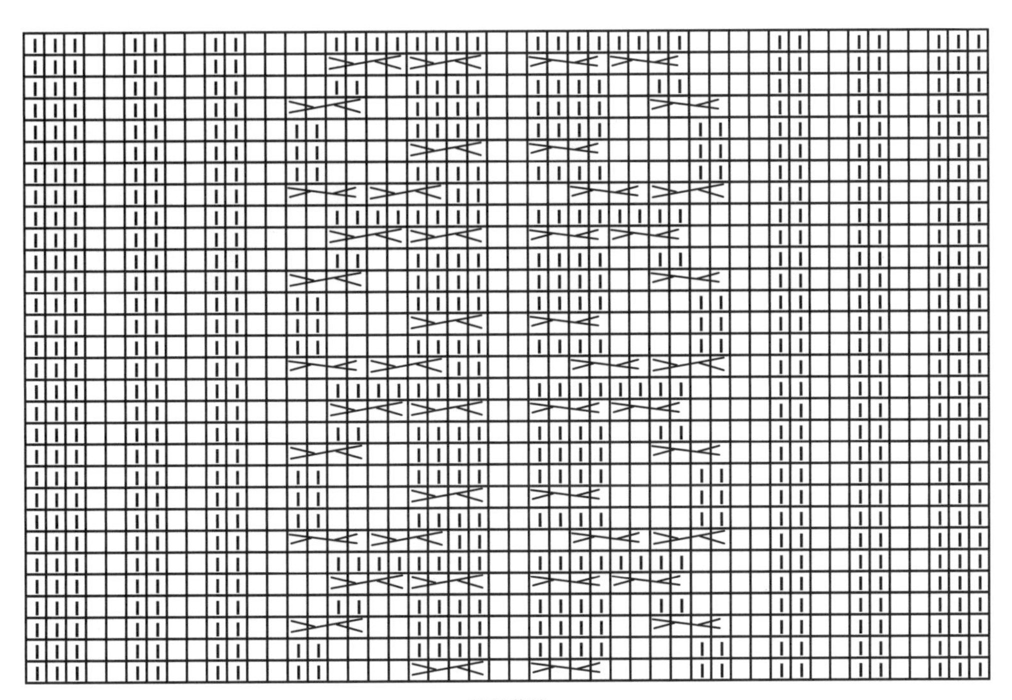

盤結花紋

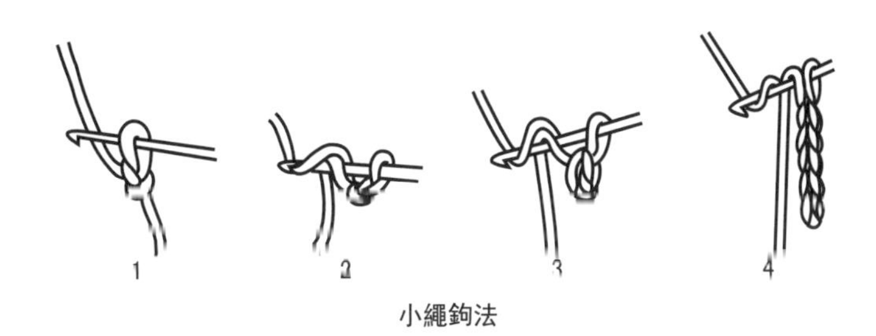

小繩鉤法

重點提示

小披肩織好之後，收針處與起針處保持彈性一致。

花俏小帽

材料： 純毛粗線
工具： 6號針　3.0鉤針
用量： 125克
密度： 21針X24行=10平方公分
尺寸： (公分) 帽圍46　帽高19

編織說明：

從下向上環形織相應長度後，均分8份，隔1行在每份內減1針，一圈減8針，餘8針時串起繫好，再次從下緣用鉤針鉤4行短針後再鉤3行荷葉邊。

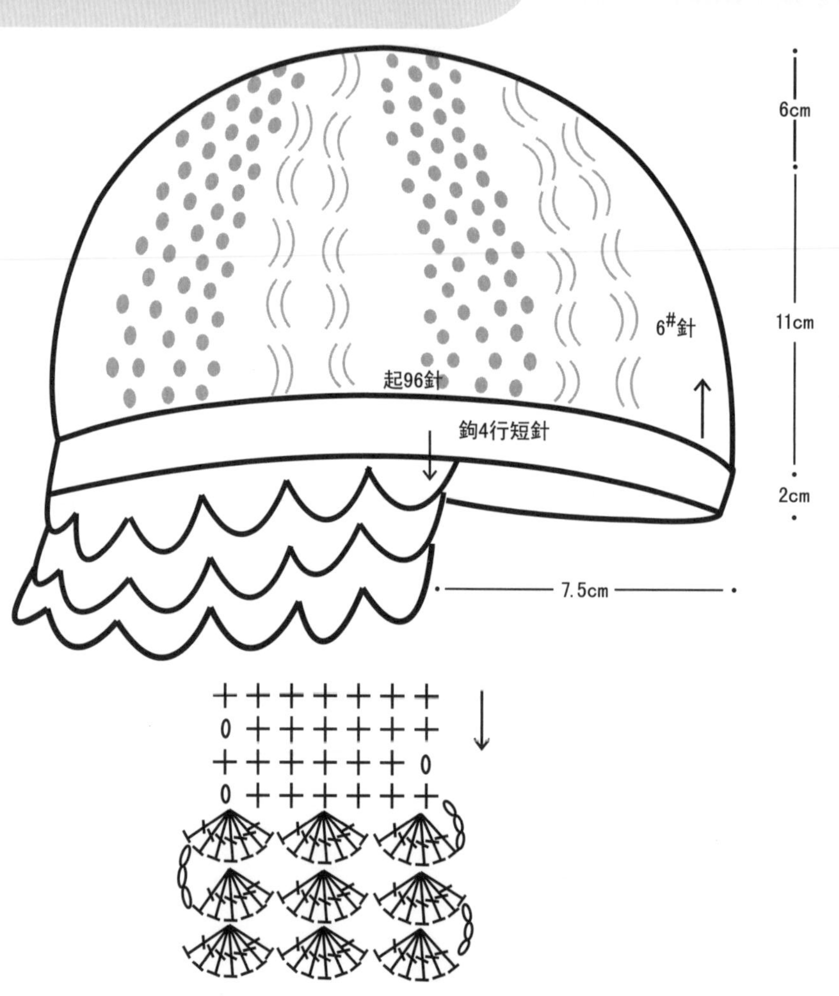

編織步驟:

1. 用6號針起96針依照圖示環形織11公分鳳梨針加括號花。
2. 將96針均分8份，隔1行每份內減1針，共減11次，餘8針時串在一根線中從內部拉緊繫好。
3. 用3.0鉤針在帽子下挑環形鉤4圈短針。
4. 從帽圈處取30公分往返鉤2行荷葉邊。

帽頂分針圖:

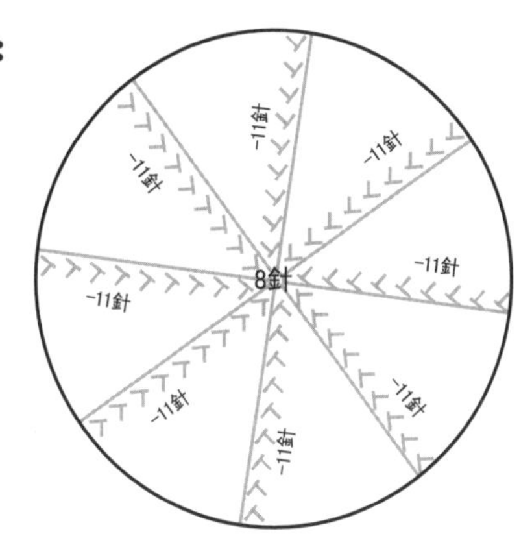

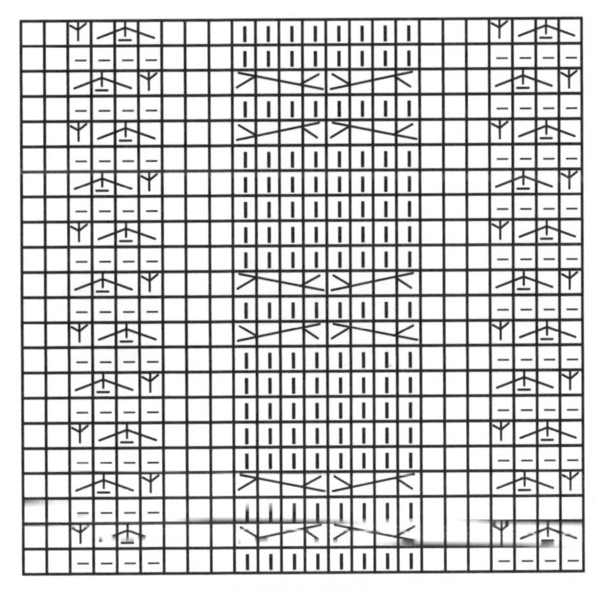

鳳梨針加括號花

重點提示

帽子不必起過多針，多數在100針以內，大小合適的帽子就保暖，也能展現漂亮花紋。

大花朵圍巾

材料： 純毛粗線　馬海毛線

工具： 直徑0.7公分竹針　粗鉤針

用量： 200克

密度： 16針×20行=10平方公分

尺寸： (公分) 以實物為準

編織說明：

起針後按排花向上直織，相應長度後平收針，從下緣挑針依照花紋編織。

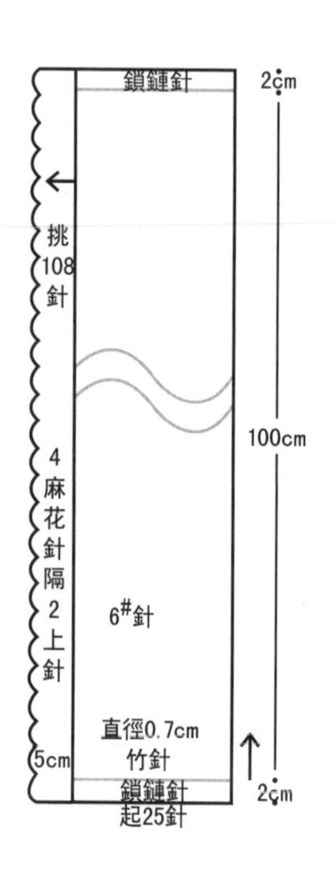

整體排花：

3	2	2	2	1	12	2
上針	魚骨針	上針	魚骨針	上針	對扭麻花針	下針

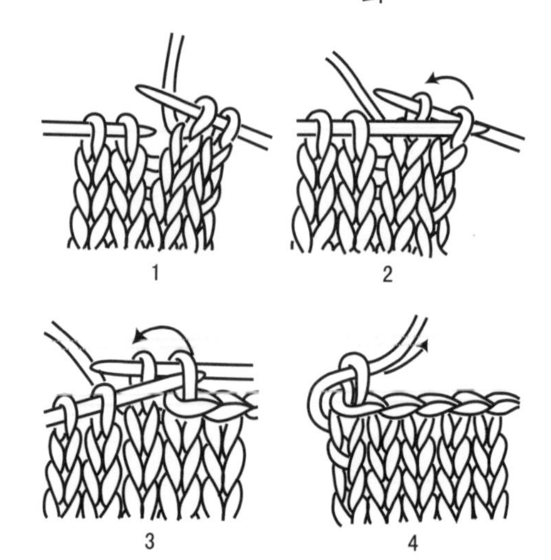

收平邊方法

編織步驟:

1. 用直徑0.7公分粗竹針雙線起25針，往返織2公分鎖鏈針。
2. 按排花織100公分後改織2公分鎖鏈針，收平邊。
3. 在下緣挑108針織4針麻花隔2上針，只扭1次麻花，至5公分時鬆收平邊。
4. 用直徑0.7公分粗鉤針依照圖示用雙線鉤花朵，縫合於圍巾一端。

花朵圖

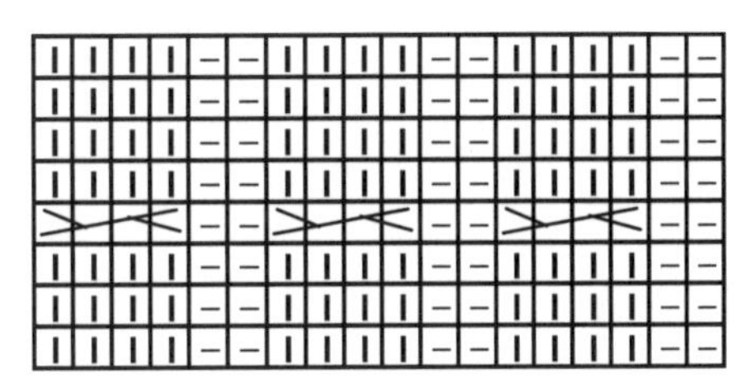

4麻花針隔2上針

花蕊鉤法

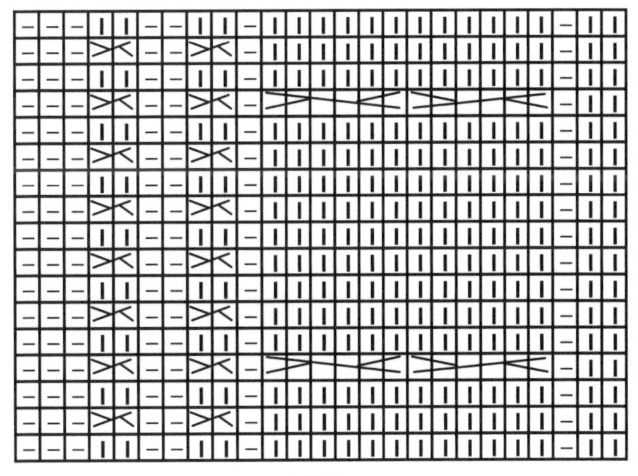

編織圖

重點提示

固定花朵時，不要將最外層的花瓣與圍巾縫合，否則將會影響美觀。

嫩黃色披肩

材料： 純毛粗線
工具： 6號針　8號針
用量： 400克
密度： 20針X24行=10平方公分
尺寸： (公分) 以實物為準

編織說明：

從下向上織對稱樹葉花大片，收針後分別織領子和底邊。

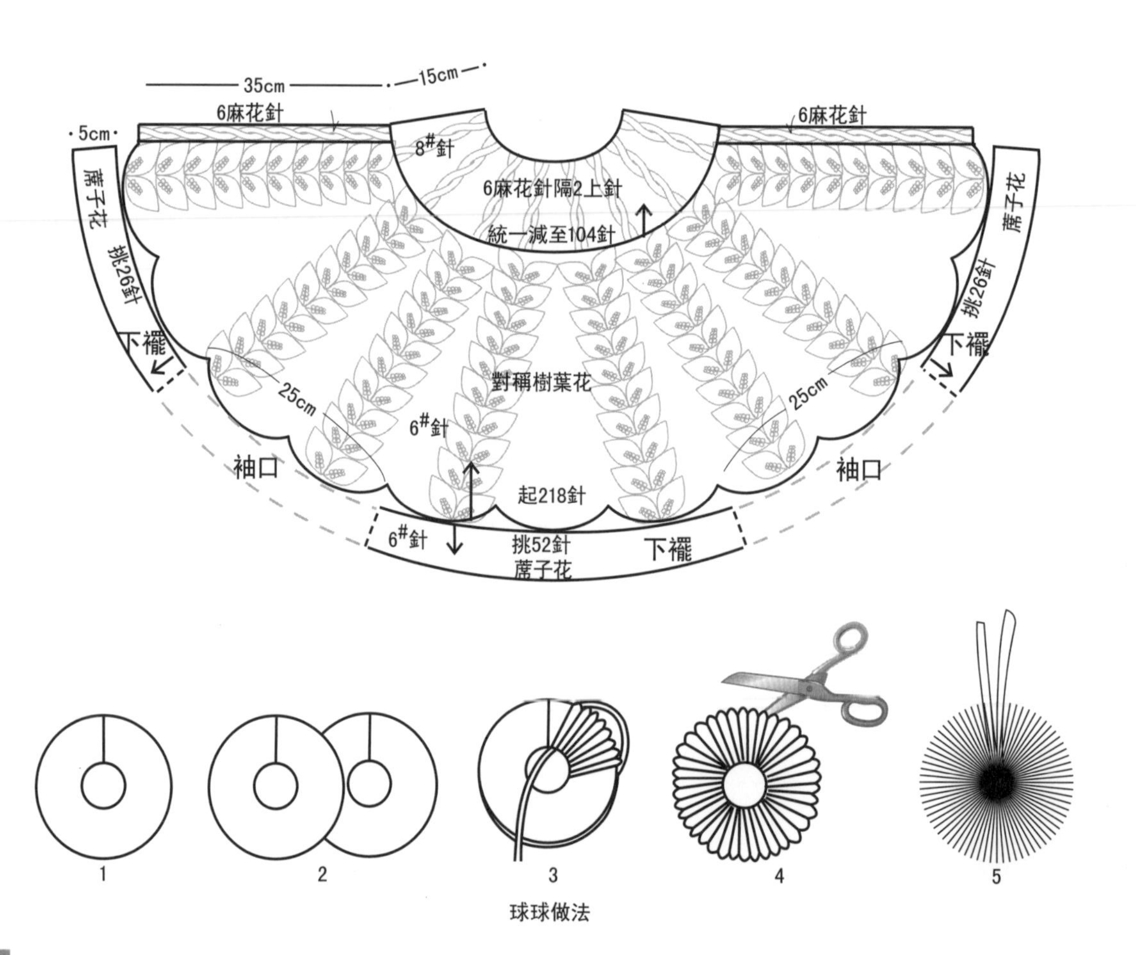

編織步驟:

1. 用6號針起218針,中間206針織對稱樹葉花,兩邊各6針麻花針。
2. 至35公分後,統一減至104針用8號針織6針麻花隔2上針,至15公分時鬆收平邊。
3. 從起針處挑104針往返織5公分蓆子花做下襬,兩袖口位置不挑針。
4. 依照圖示做球球,繫於領口處。

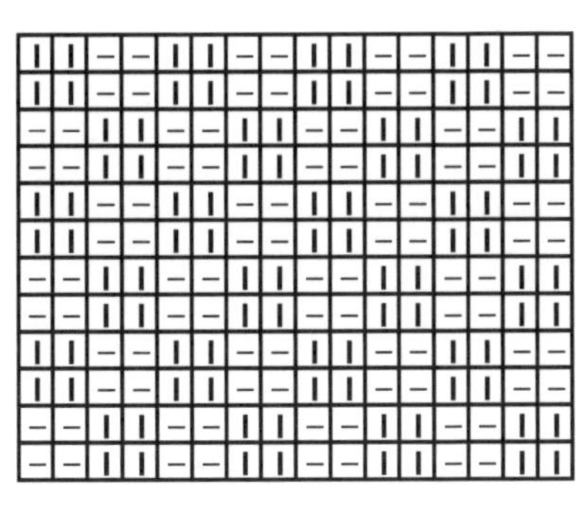

蓆子花

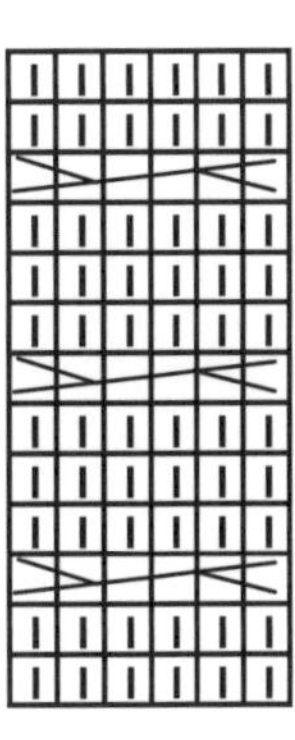

6麻花針

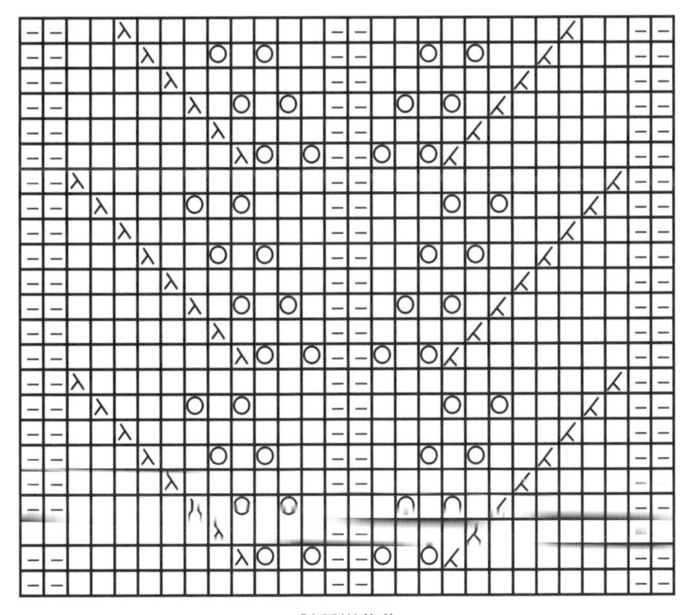

對稱樹葉花

重點提示

挑織底邊時,兩邊留出的開口為袖口。

可愛尖尖帽

材料： 純毛粗線
工具： 6號針　3.0鉤針
用量： 200克
密度： 22針X24行=10平方公分
尺寸：（公分）帽圍43　帽高22

編織說明：

從帽沿處起針織相應長度後，將所有針目均分4份，隔1行在每圈內均減8針，餘8針時從內部串起繫好。

帽子排花：

18	6	18	6	18	6	18	6
雙羅紋	鎖鏈針	雙羅紋	鎖鏈針	雙羅紋	鎖鏈針	雙羅紋	鎖鏈針

護耳排花：

1	2	2	2	6	2	2	2	1
上針	下針	上針	下針	鎖鏈針	下針	上針	下針	上針

編織步驟:

1. 用6號針起96針按排花環形織10公分後，將96針分4份，每份內隔1行減2針，一圈減8針減至餘8針時穿入一根線內拉緊繫好。
2. 護耳從起針處挑20針織15公分，在兩邊每行減1針共減3針，餘針平收。
3. 把鉤好的花朵縫在帽子一側。

帽頂一組內減針方法

花朵鉤法

重點提示

帽頂的減針常用兩種方法，分別爲6份或8份，隔1行在每份內各減1針，一圈內減6針或8針；也可以按花紋減針，顯得更整齊。

藍緊身背心

材料： 純毛粗線
工具： 6號針　3.0鉤針
用量： 200克
密度： 20針X24行=10平方公分
尺寸：（公分）胸圍80

編織說明：

先織胸部雙羅紋，只在胸正中扭一次麻花，後背處對頭縫合後，從下緣挑針環形織正身，上緣鉤花團邊。

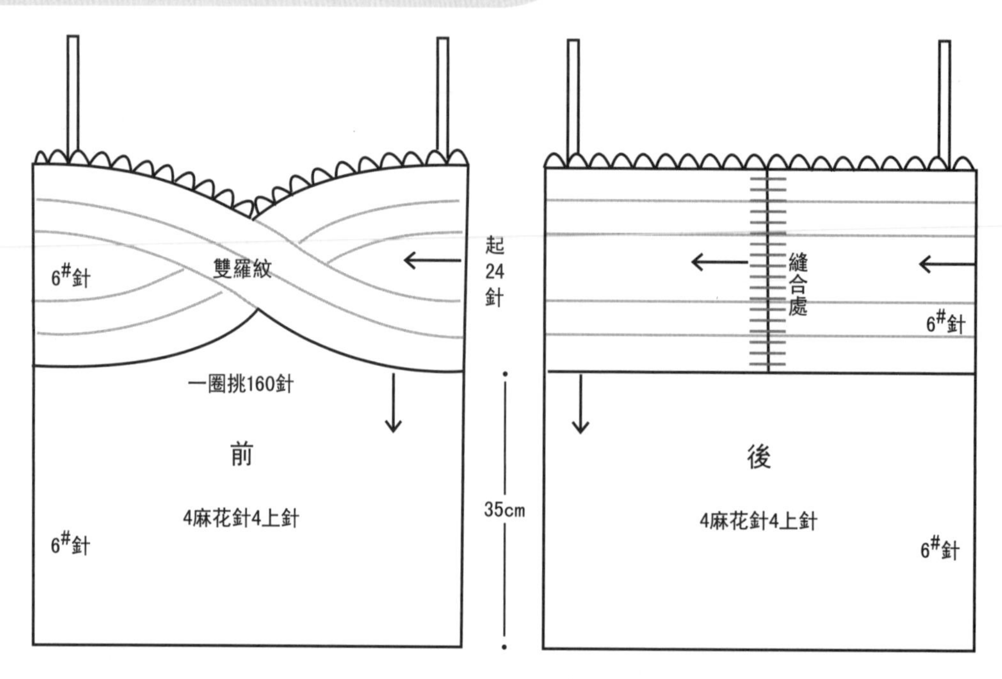

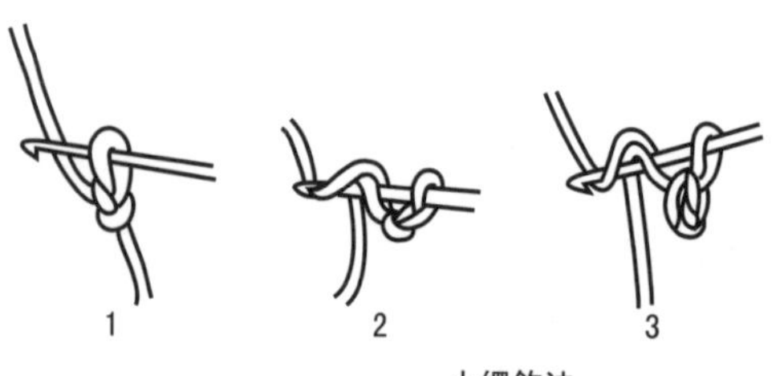

小繩鉤法

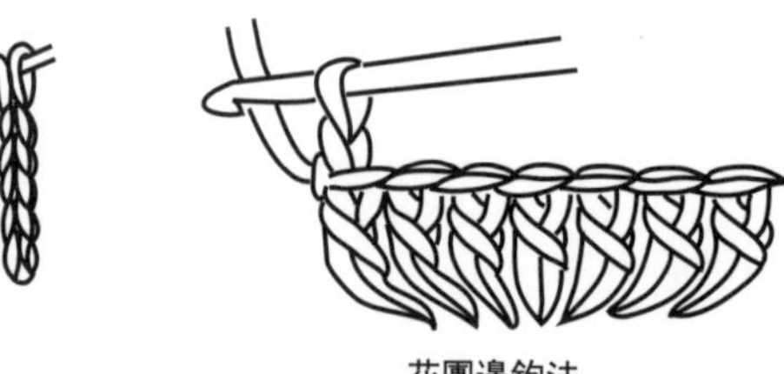
花團邊鉤法

編織步驟:

1. 用6號針起24針往返織雙羅紋，兩邊各安排3下針，至36公分時扭針後，再織36公分，對頭縫合形成環形。
2. 從環形下緣挑出160針織4針麻花隔4上針，麻花第6行扭針。至35公分處鬆收平邊。
3. 在雙羅紋上緣鉤一行花團邊，繫好吊帶繩，縫合在相應位置上。

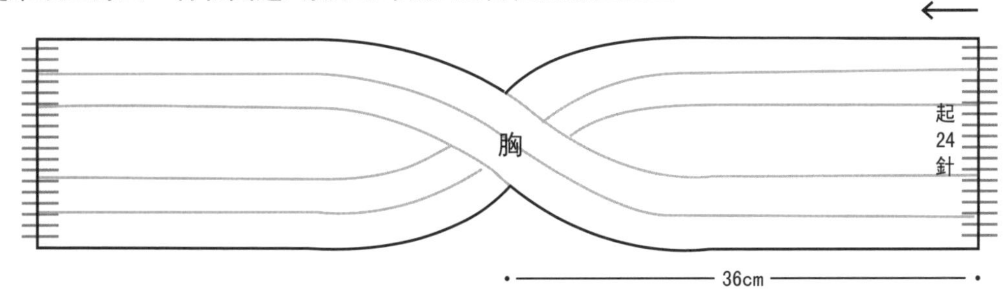

胸前雙羅紋排花:

3	2	2	2	2	……	2	2	2	2	3
下針	上針	下針	上針	下針	……	下針	上針	下針	上針	下針

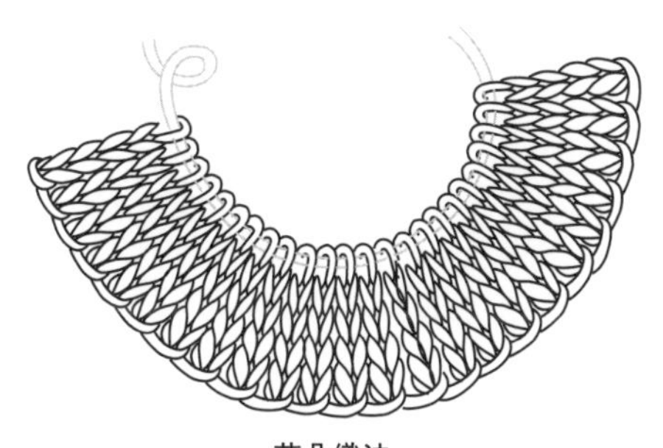

花朵織法

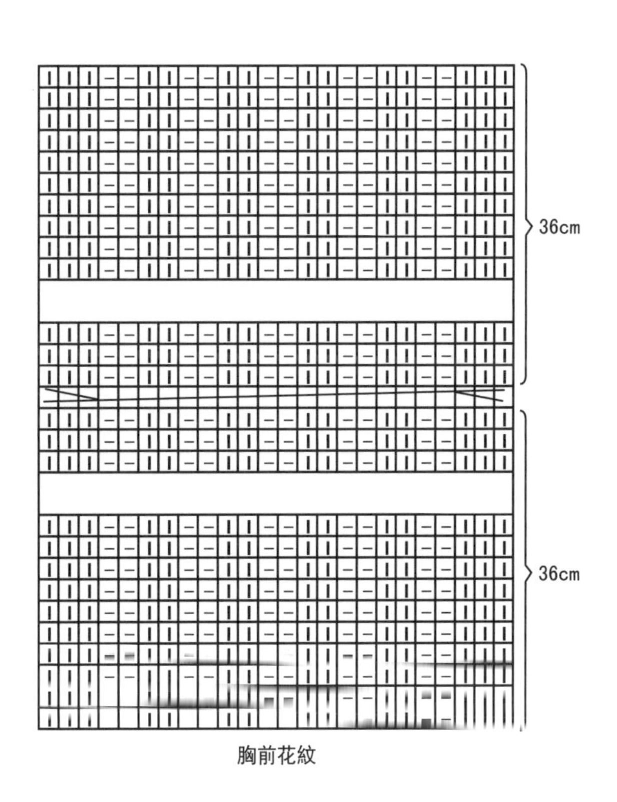

胸前花紋

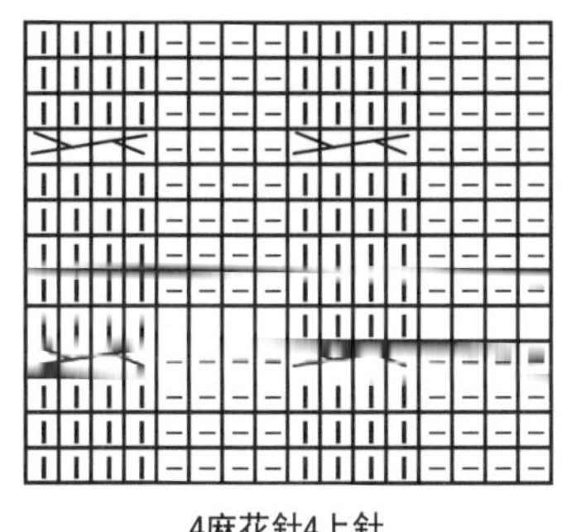

4麻花針4上針

重點提示

兩邊安排的三下針用於挑針織正身和花團邊。

大領圍巾

材料：蚰毛粗線
工具：6號針　8號針
用量：400克
密度：21針X24行=10平方公分
尺寸：(公分) 圍巾長100　寬23

編織說明：

織一條長圍巾，在相應位置挑針織出領子和後腰。

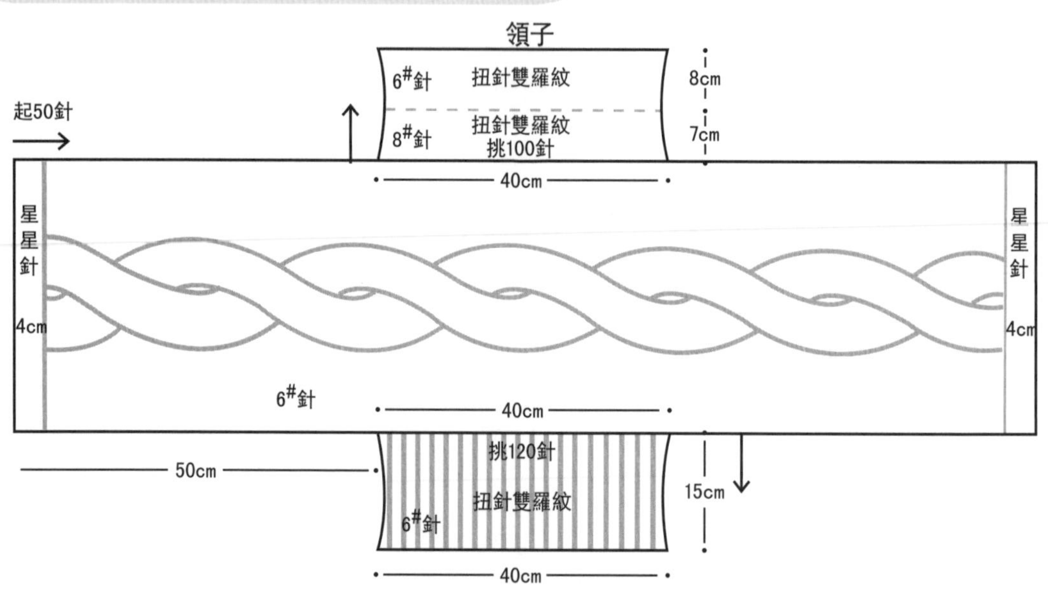

整體排花：

13	2	22	2	13
不對稱樹葉花	上針	麻花針	上針	不對稱樹葉花

編織步驟:

1. 用6號針起50針往返織4公分星星針後，按排花織132公分，再織4公分星星針後收針。
2. 領子：用8號針在上緣40公分寬處挑100針緊織7公分扭針雙羅紋後，換6號針再織8公分扭針雙羅紋，收平邊形成領子。
3. 腰：用6號針在下緣相應位置挑120針織15公分扭針雙羅紋形成下襬，鬆收雙彈性邊。

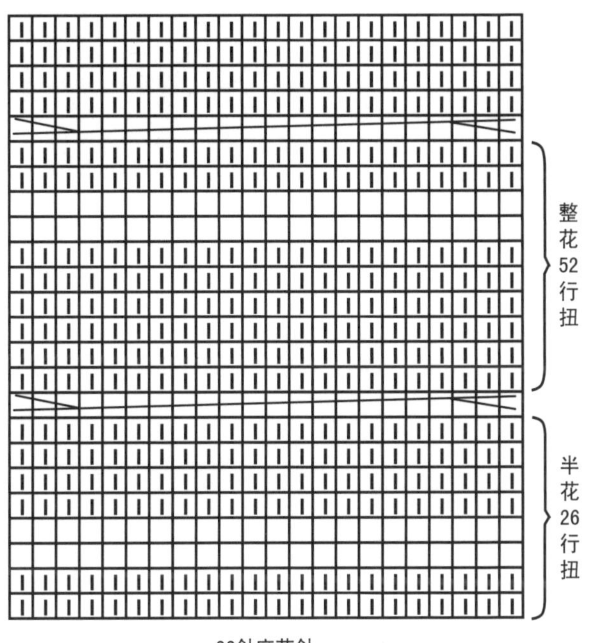

22針麻花針

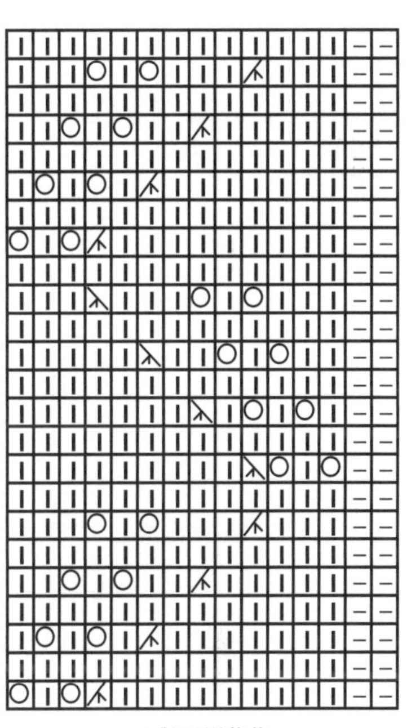
不對稱樹葉花

扭針單羅紋

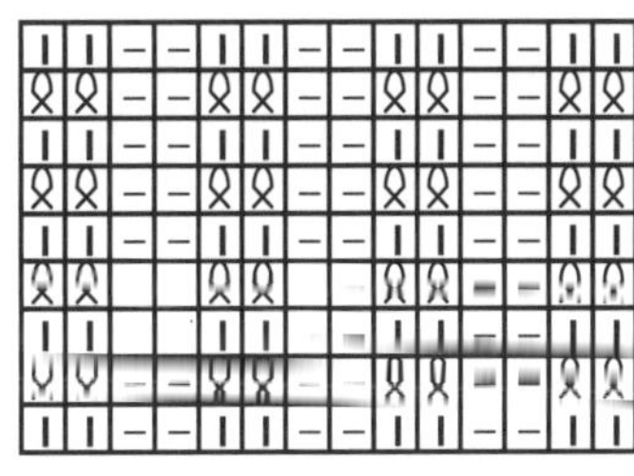
扭針雙羅紋

重點提示

挑織領子和底邊時，應注意整齊，從同一行挑針。

背心式披肩

材料：純毛粗線
工具：6號針
用量：250克
密度：19針X24行=10平方公分
尺寸：(公分) 以實物為準

編織說明：

依照圖示織一個「凸」字形片，按相同字母縫合，形成背心披肩。

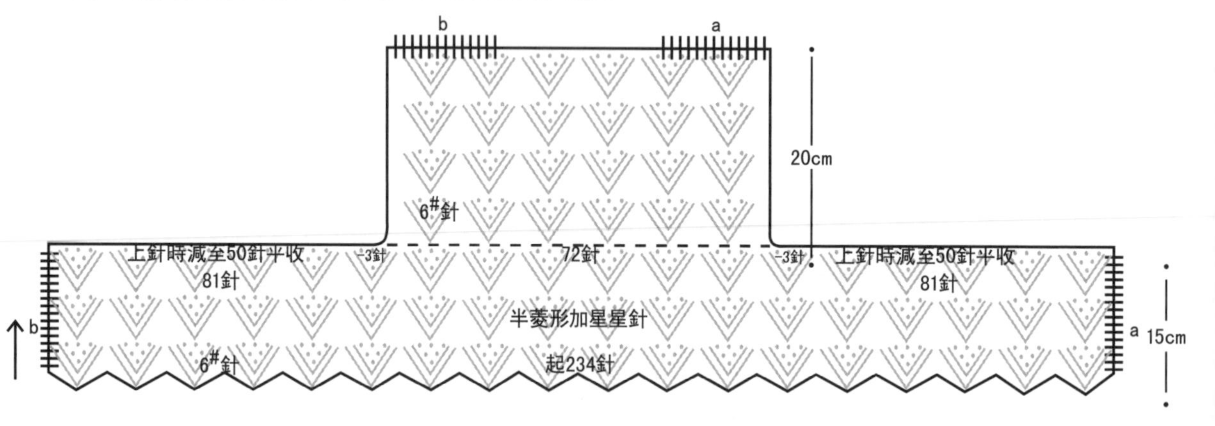

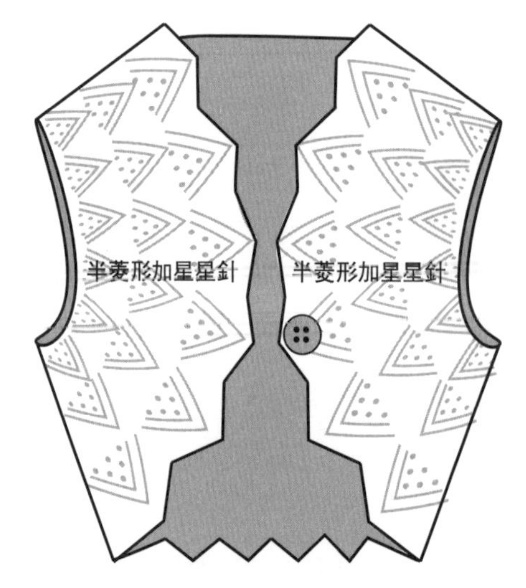

編織步驟:

1. 用6號針起234針往返織15公分半菱形加星星針，織片。
2. 將左右的81針減至50針並平收。
3. 中間餘的72針繼續織半菱形加星星針，並在兩側隔1行減1針減3次，至20公分時平收，形成後背。
4. 按相同字母縫合a-a、b-b。

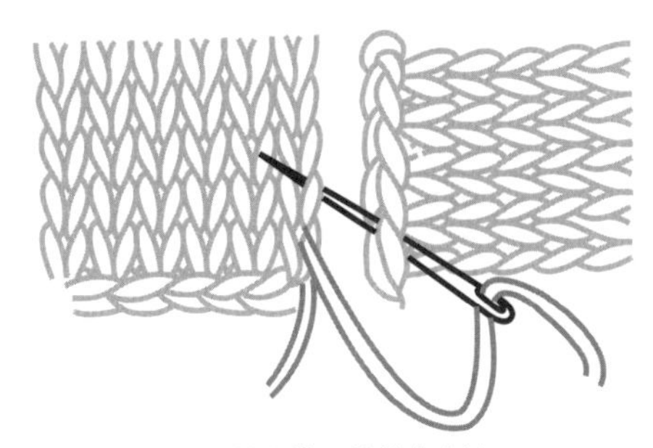

豎下針和橫下針縫合方法

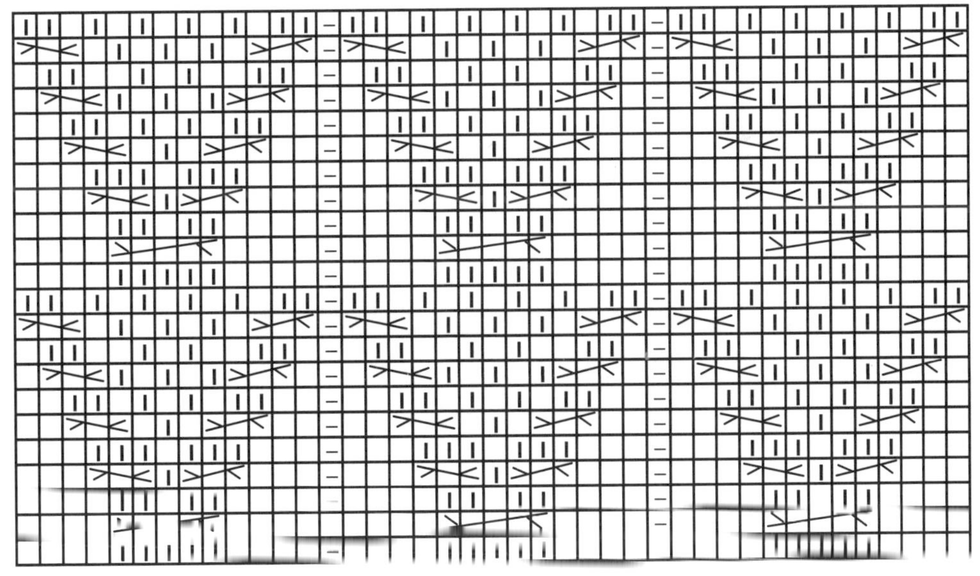

半菱形加星星針

重點提示

縫合處應對準針目鬆鬆縫合，起始針處應縫得牢固。

紅樓印象披肩

材料： 純毛粗線
工具： 6號針
用量： 350克
密度： 22針X24行=10平方公分
尺寸： (公分) 以實物爲準

編織說明：

從下襬起針後直接按花紋編織，統一減針後改花紋，最後織領子。

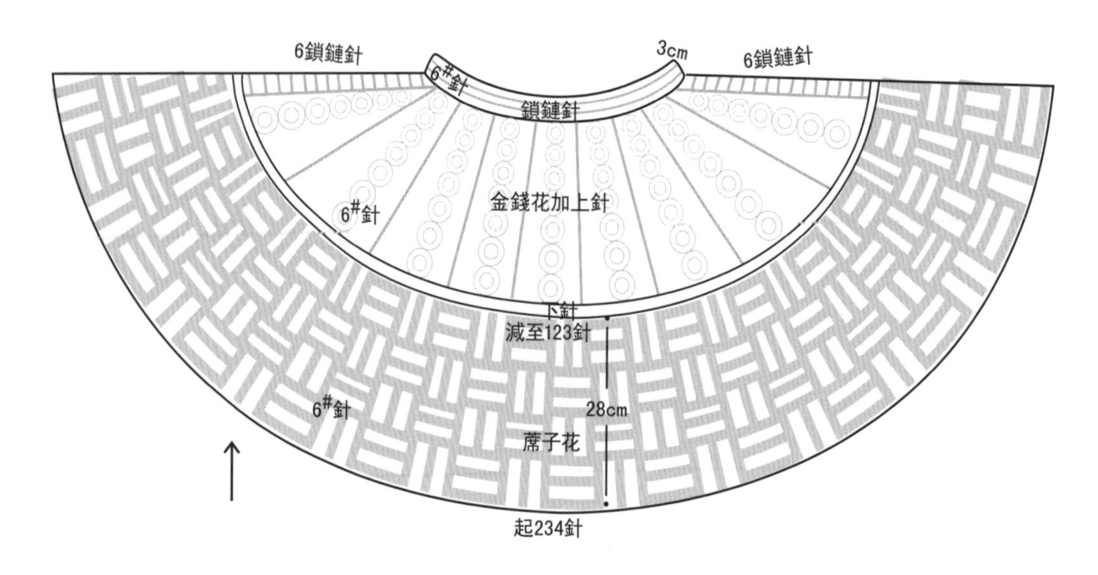

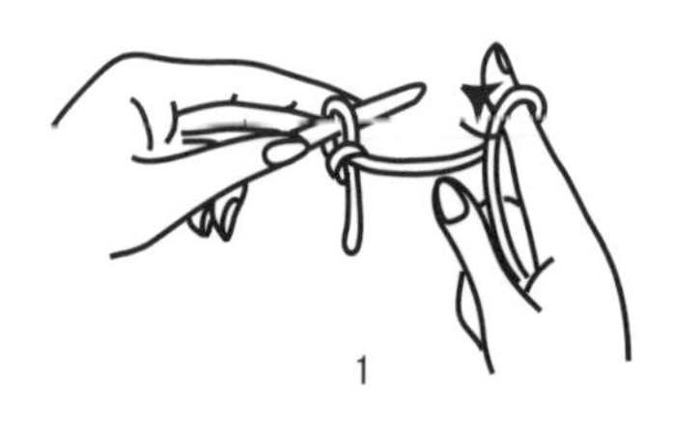

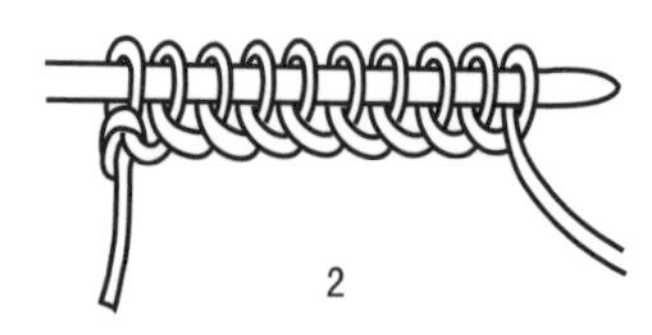

繞線起針法

編織步驟:

1. 用6號針起234針織蓆子花。
2. 至28公分時，將234針蓆子花統一減至123針織3行下針。
3. 肩部依照圖示改織金錢花和上針，並隔9行在下針的左右各減1針，減3次後，餘針改織3公分鎖鏈針後收平邊。

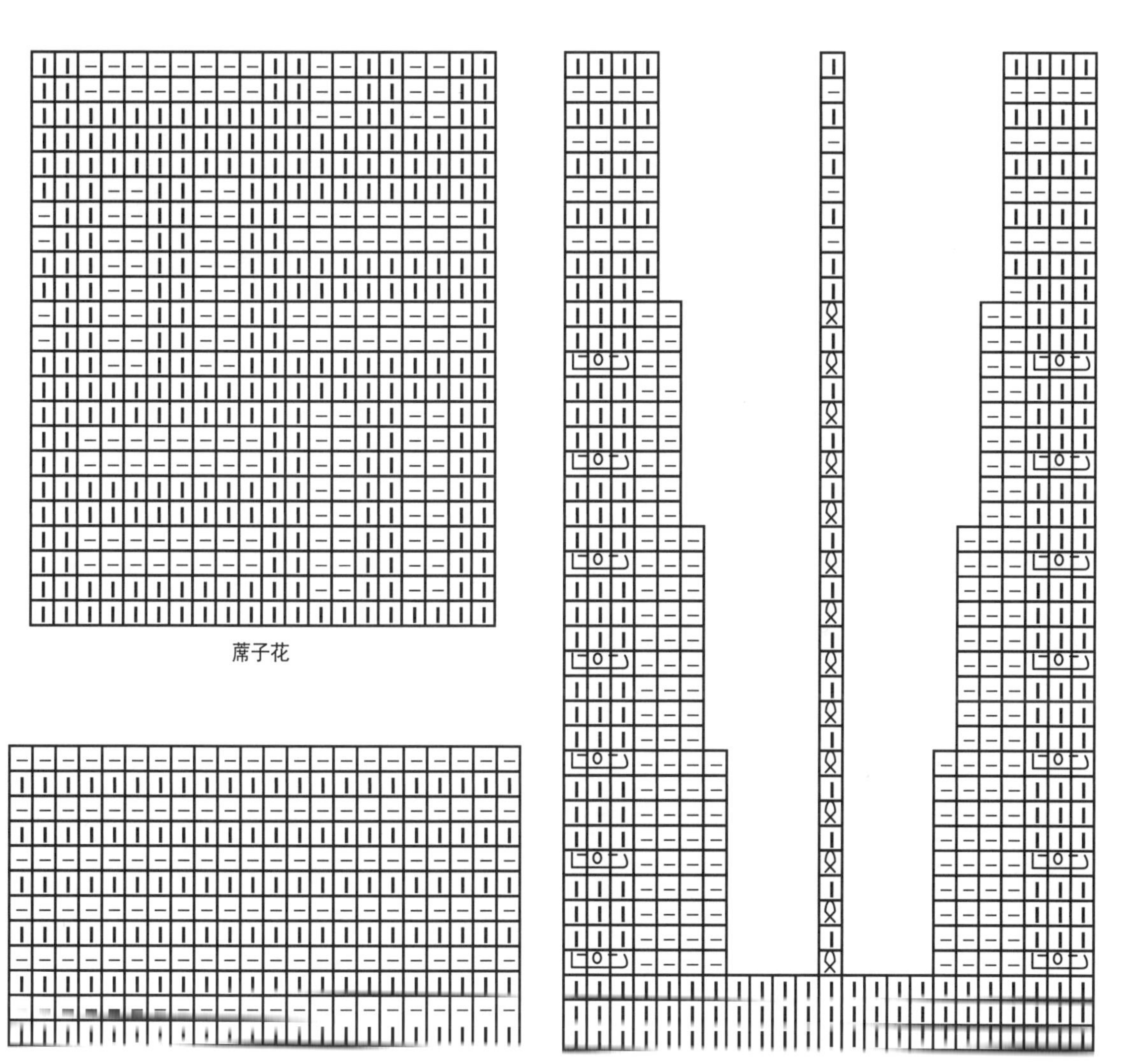

蓆子花

鎖鏈針

領子減針方法

重點提示

領口的鎖鏈針應緊織緊收平邊，否則將會過於鬆弛。

皮草領背心

材料： 純毛粗線
工具： 6號針　3.0鉤針
用量： 400克
密度： 21針X24行=10平方公分
尺寸： (公分) 衣長47　胸圍75　肩寬43

編織說明：

從下襬起針整片織，至腋下後不減針，只分片織，並在花紋一側加針使肩頭變寬，肩部縫合後，用鉤針在領口鉤領邊；袖窿口環形挑針織雙羅紋，最後挑織門襟。

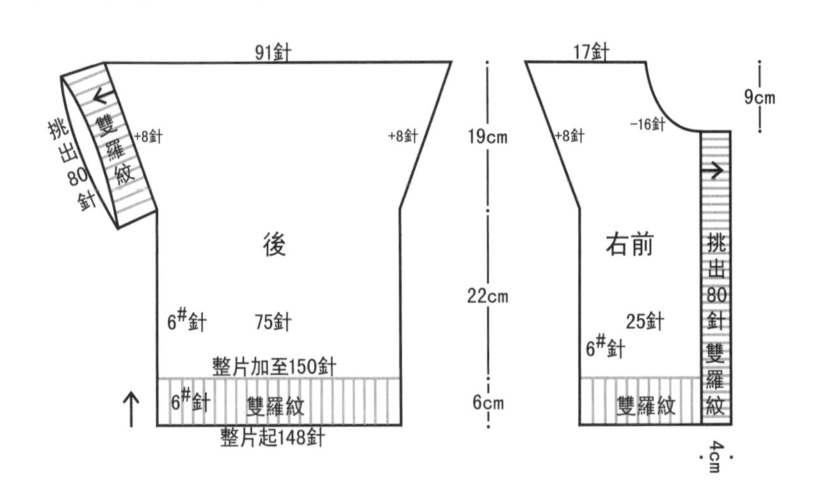

整體排花：

22	6	16	6	22	6	22	6	16	6	22
菱形針	麻花針	鎖鏈針	麻花針	菱形針	麻花針	菱形針	麻花針	鎖鏈針	麻花針	菱形針

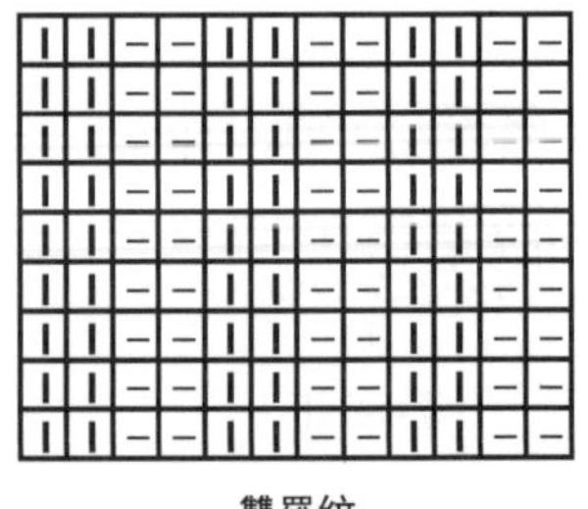

雙羅紋

編織步驟:

1. 用6號針起148針往返織6公分雙羅紋。
2. 一次性加至150針按排花往返織22公分後取腋正中分片織，不減針。
3. 在6針麻花的外側，每隔5行加1針，共加8次。
4. 距後脖9公分時減領口，a平收領一側6針，b隔1行減3針減2次，c隔1行減2針減1次，d隔1行減1針減2次，肩頭縫合後，在領口用3.0鉤針鉤4公分蘿蔔絲針，收平邊。
5. 從袖窿口環形挑出76針用6號針織3公分雙羅紋，收彈性邊。
6. 從門襟橫挑出80針往返織4公分雙羅紋，收彈性邊。

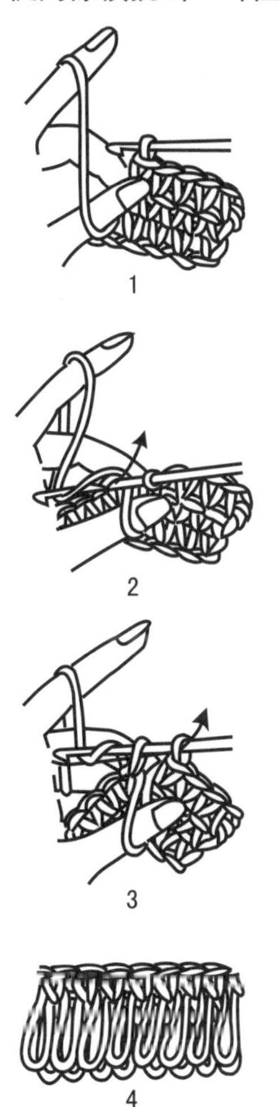

蘿蔔絲針

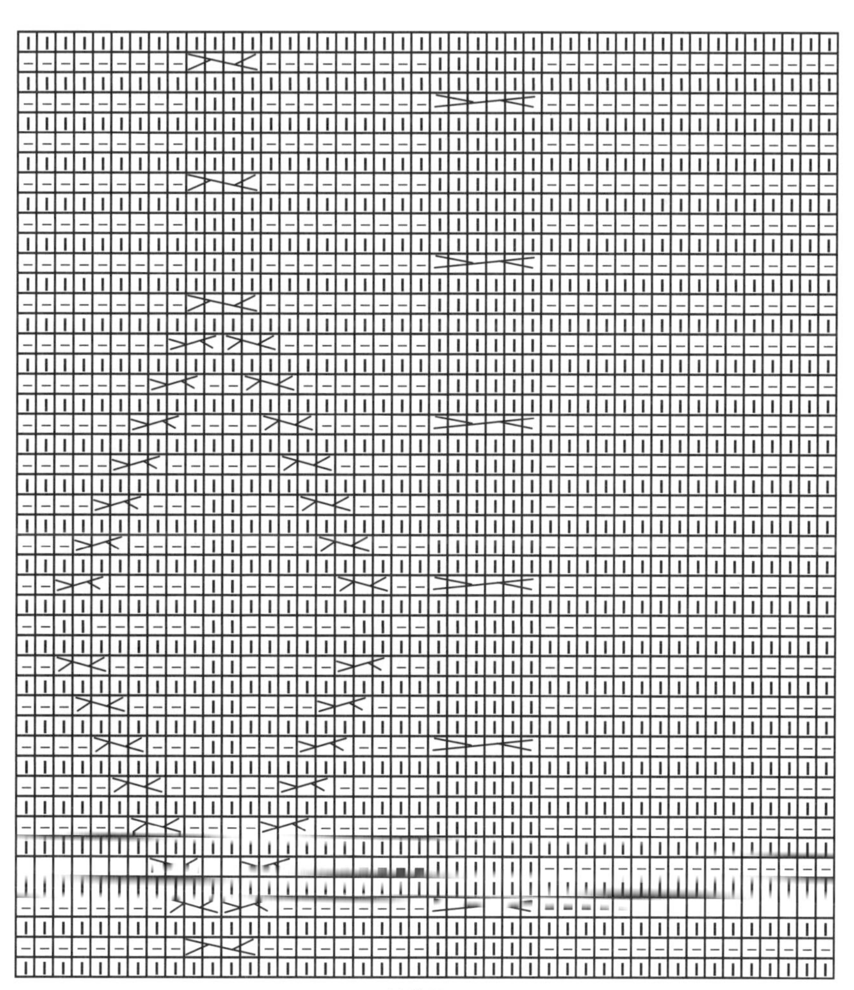
編織圖

重點提示

在6針麻花一側加針，則加針處保證絕對精緻且毫無痕跡，又可達到增加尺寸的目的。

大波斯菊髮帶

材料：純毛粗線
工具：6號針　3.0鉤針
用量：25克
密度：20針X24行=10平方公分
尺寸：(公分) 長45　寬4

編織說明：

起8針後織鎖鏈球球針的長帶子，然後把鉤好的花朵縫在帶子上。

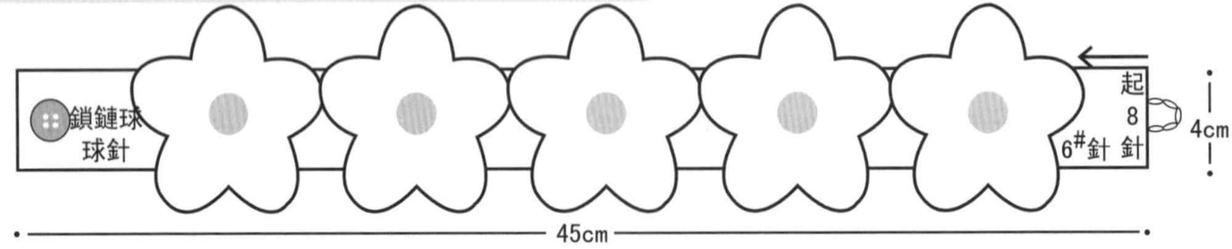

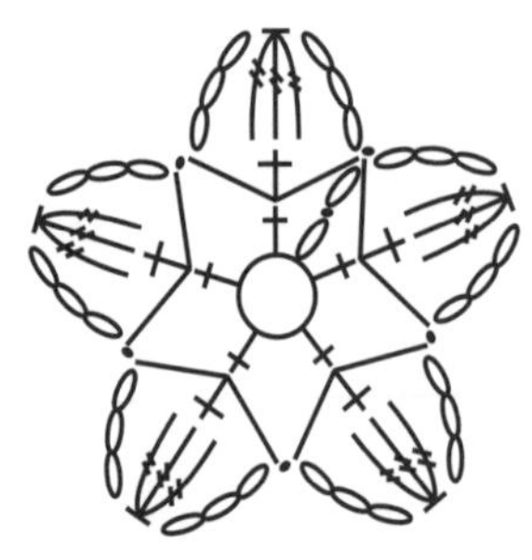
花朵鉤法

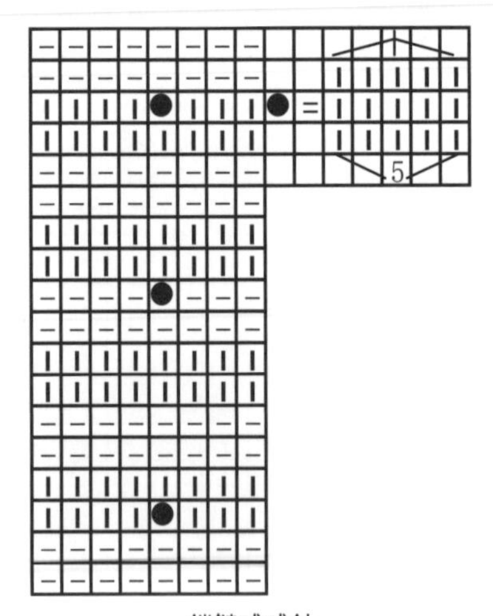

鎖鏈球球針

編織步驟：

1. 用6號針起8針往返織45公分鎖鏈球球針。
2. 依照圖示鉤花朵，縫合於帶子的一側。
3. 在帶子的兩邊分別縫好釦子和釦套。

重點提示

鎖鏈球球針彈性大，織髮帶的長度時，要經常比對頭圍來決定何時收針。

葉子組合披肩

材料：純毛粗線
工具：6號針
用量：175克
密度：20針X24行=10平方公分
尺寸：(公分) 長120　寬20

編織說明：

依照圖示織24個花葉片，最後相互連接形成圍巾。

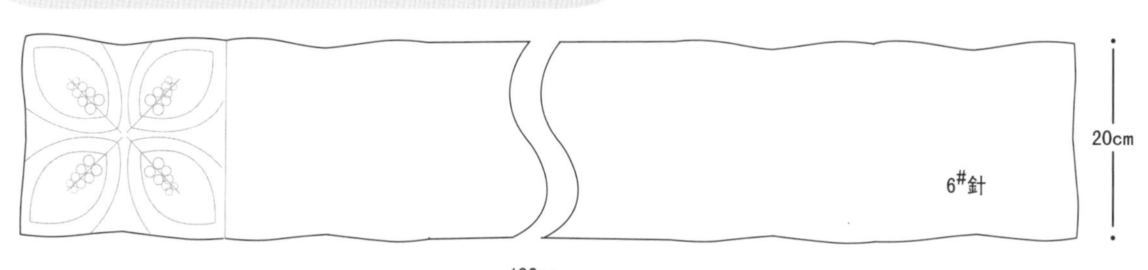

編織步驟：

1. 用6號針起7針，取正中1針為加針點，隔1行在兩邊分別加1針，共加10次，兩邊各3針織鎖鏈針。
2. 加至29針後，以正中1針為減針點，隔1行3針併1針，共減10次後，5針併1針併2次，餘1針，形成正方形片。
3. 按此方法織相同24針方片，每四個一組縫合後，再將大正方形相互縫合形成圍巾。

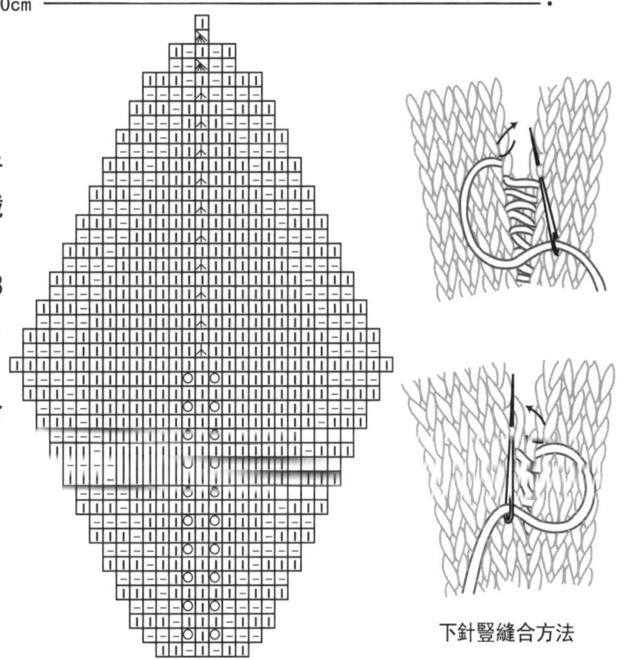

下針豎縫合方法

重點提示

縫合花葉時，用手針對針縫，與編織的效果一樣整齊精緻。

薰衣草手套

材料：純毛粗線
工具：6號針
用量：100克
密度：21針X24行=10平方公分
尺寸：(公分) 以實物爲準

編織說明：

起針後織一個長方形，對頭縫合後從側面挑針環形織，片織3公分後再環形織，開口處挑針織大拇指。

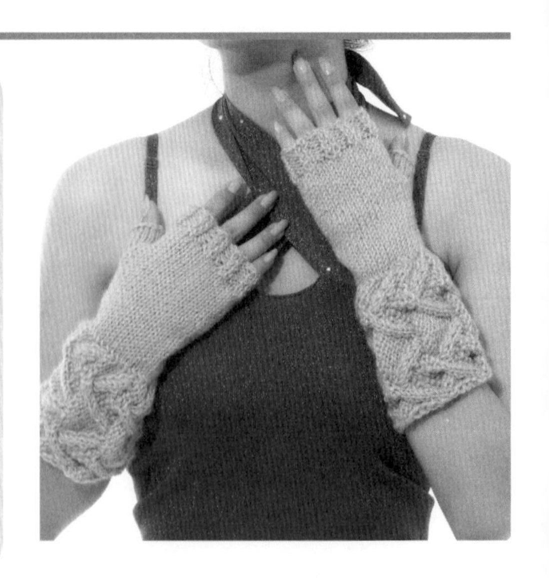

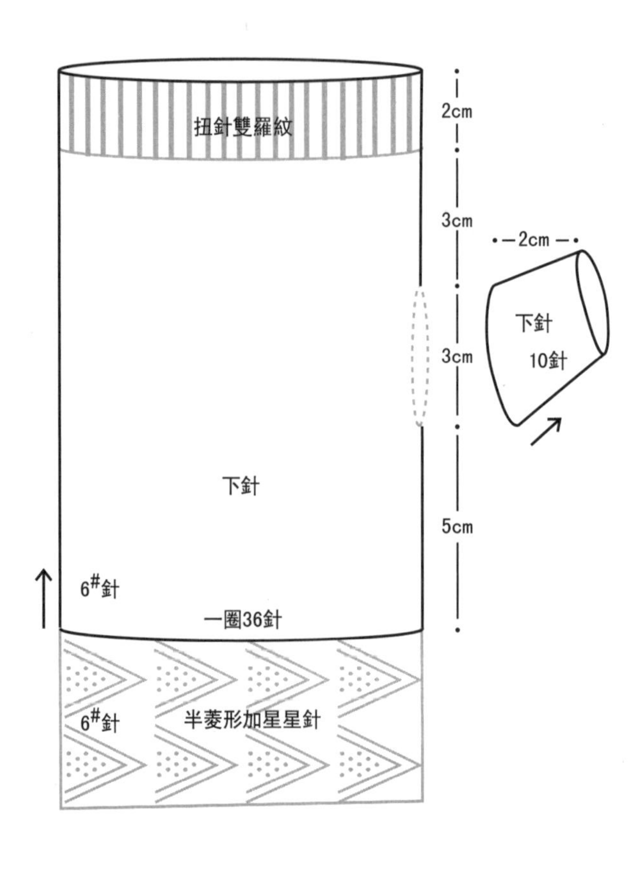

編織步驟:

1. 用6號針起29針織28公分半菱形加星星針。
2. 對頭縫合後，從有上針的一側挑出所有針目，第2行時減至36針環形織5公分下針後改片織3公分。
3. 合針環形織3公分後改織2公分扭針雙羅紋，收雙彈性邊。
4. 從3公分開口處挑2針，左右各挑織4次織下針，至10針後環織2公分後平收針。

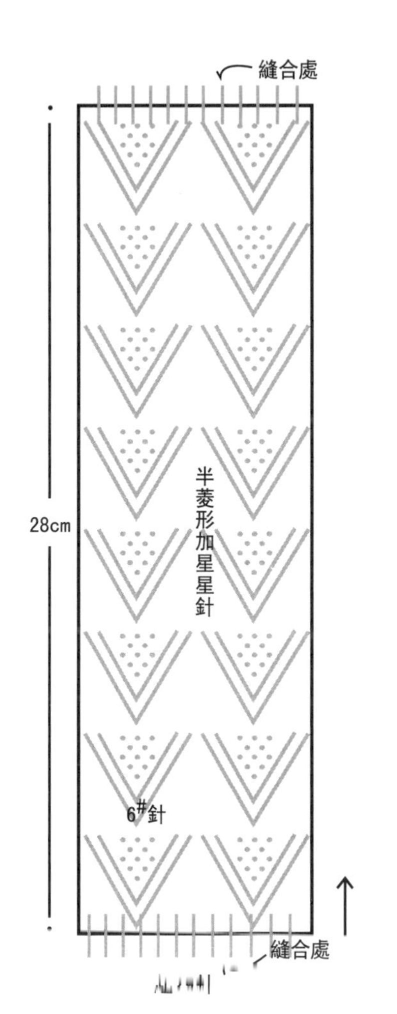

扭針雙羅紋

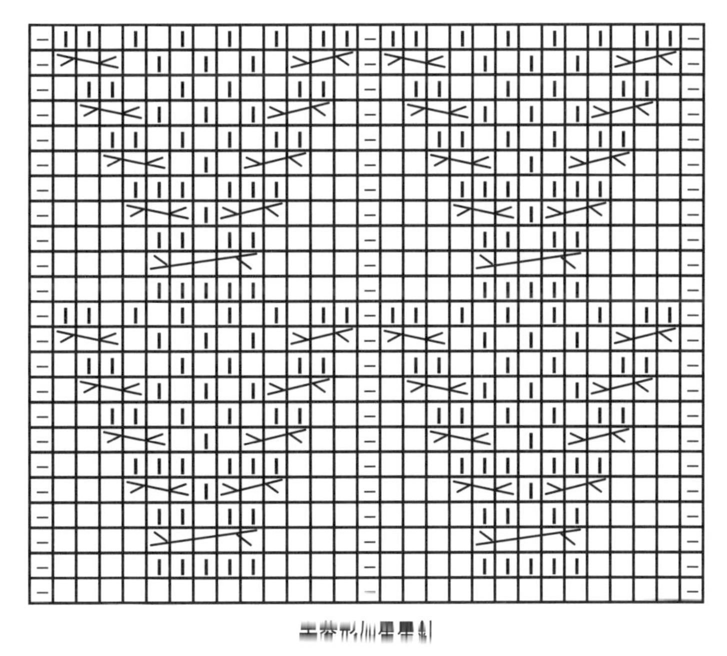

重點提示

縫合手腕處的長條時，應注意保持花紋的完整性。

絨球擦地拖鞋

材料：純棉線
工具：6號針

編織說明：

從後腳跟起針織片，相應長度後平加針織圈，腳面織扭針雙羅紋，腳底織綿羊圈圈針，相應長度後減針，並串起從內部繫好，從後腳跟隨處按「U」形挑針，相應長度後與平加針處縫合。

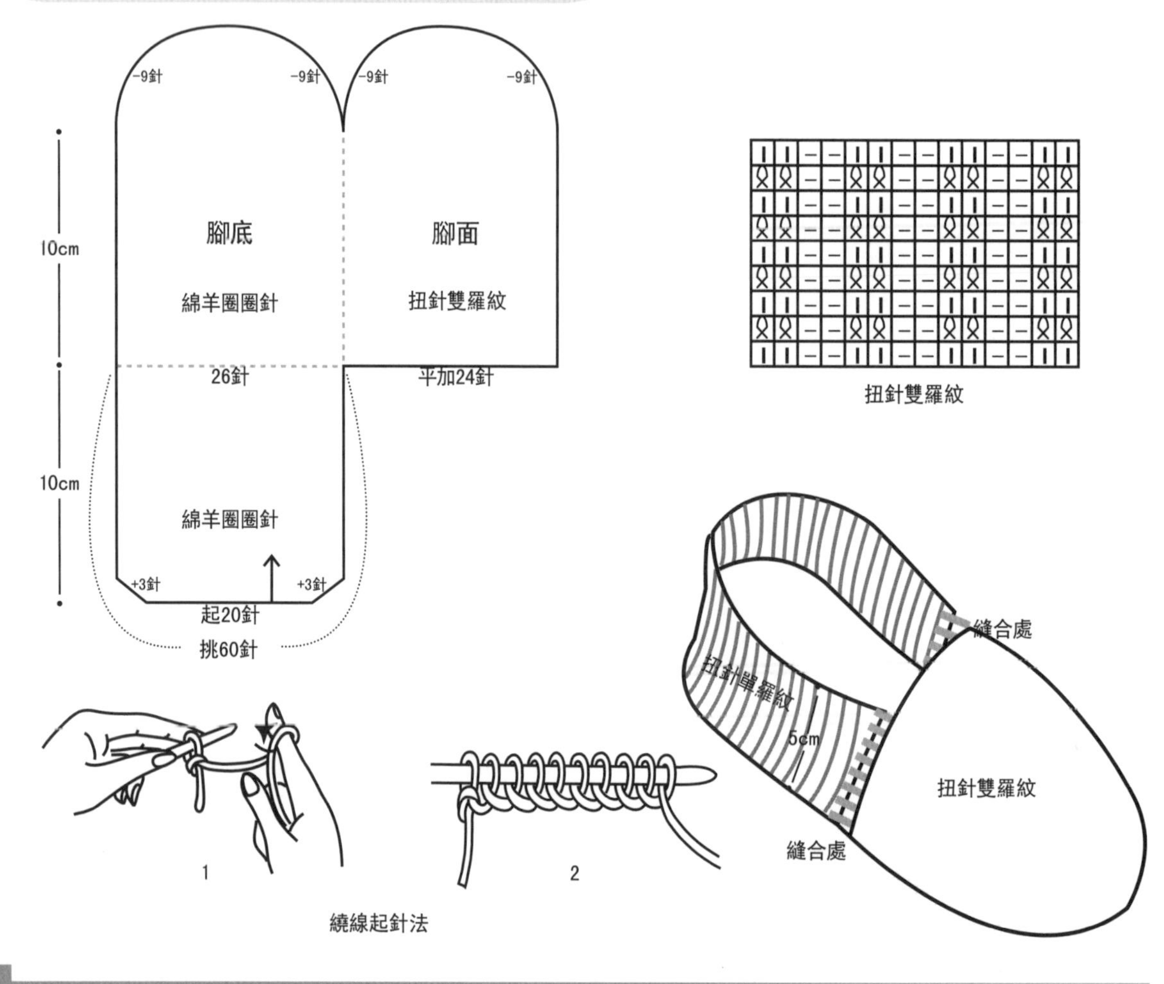

編織步驟：

1. 用6號針起20針織綿羊圈圈針，隔1行在兩邊加1針加3次後直織。
2. 至10公分時，平加24針合圈織，腳面的24針織扭針雙羅紋，腳下的26針依然織綿羊圈圈針，直織10公分後隔3行，每圈均勻減12針，共減3次，餘14針時串起從內部拉緊繫好。
3. 在後腳跟「U」形邊緣挑出60針織5公分扭針單羅紋，兩邊分別與平加針位置縫合。
4. 將做好的球球縫在鞋上。

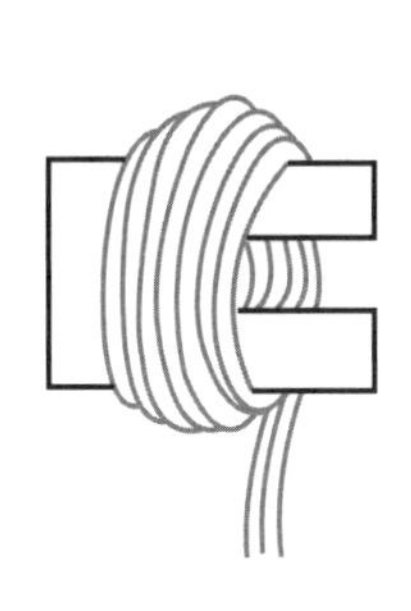
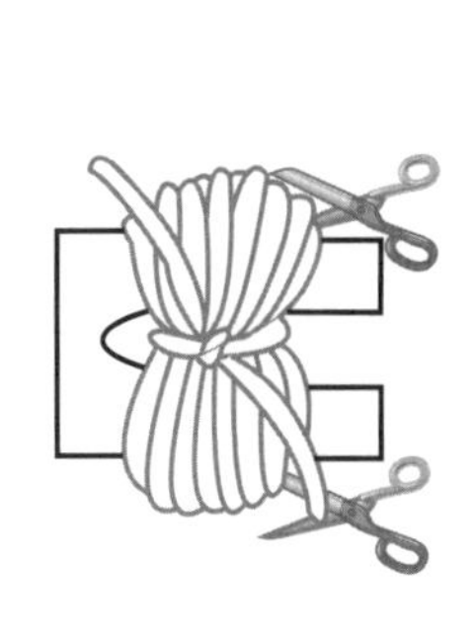
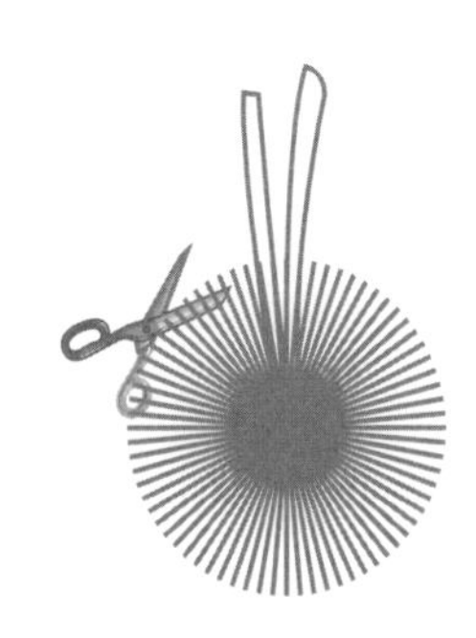

球球做法

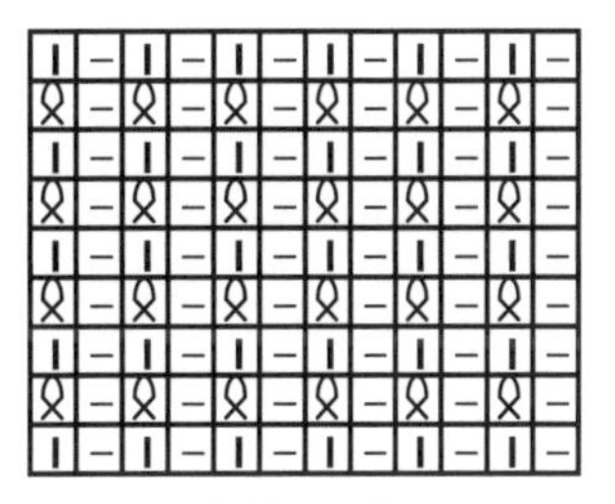

扭針單羅紋

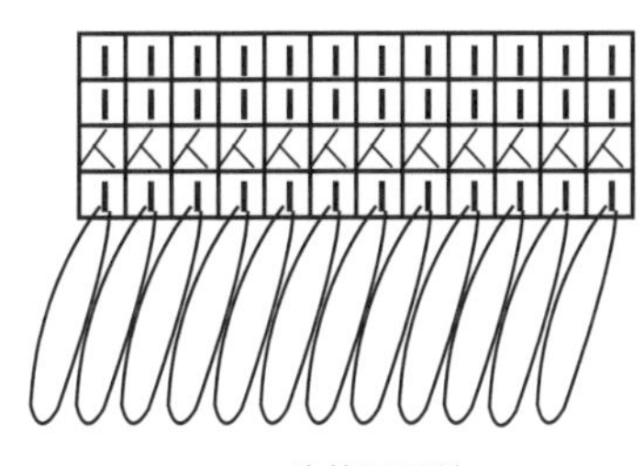

4行
3行
2行
1行

綿羊圈圈針

第一行：右食指繞雙線織下針，然後把線套繞到正面，按此方法織第2針。

第二行：由於是雙線所以2針併1針織下針。

第三、四行：織下針，並拉緊線套。

第五行以後重複第一到第四行。

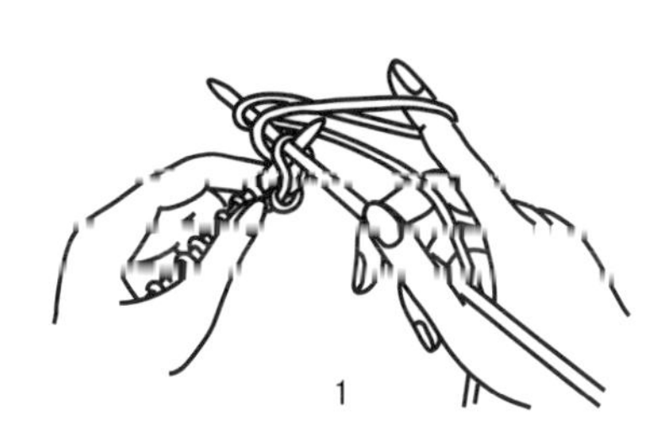

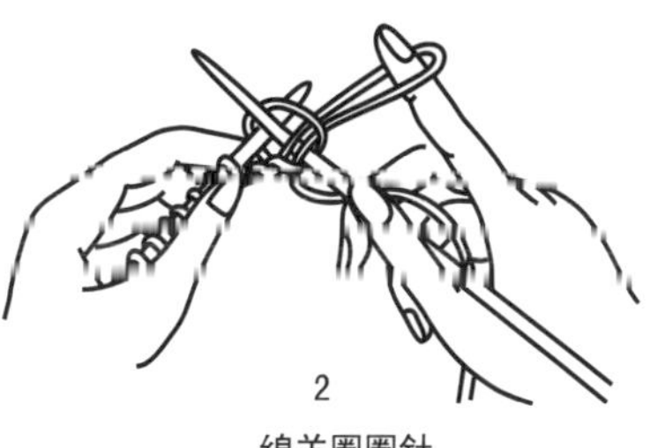

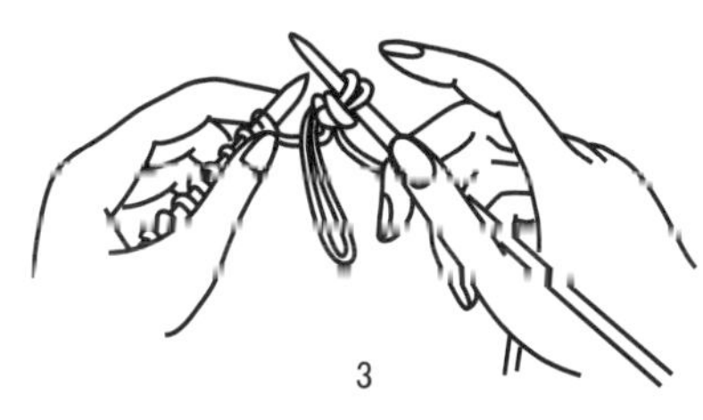

綿羊圈圈針

重點提示

綿羊圈圈針不要織得過長，越短越密實保暖。

簡潔大領披肩

材料： 純毛粗線
工具： 6號針
用量： 300克
密度： 21針X25行=10平方公分
尺寸：（公分）以實物爲準

編織說明：

依照圖示織一個倒「凸」形，起針處為領子，多出的部分對摺後形成袖子。分別從兩袖開口環形挑針織袖口。

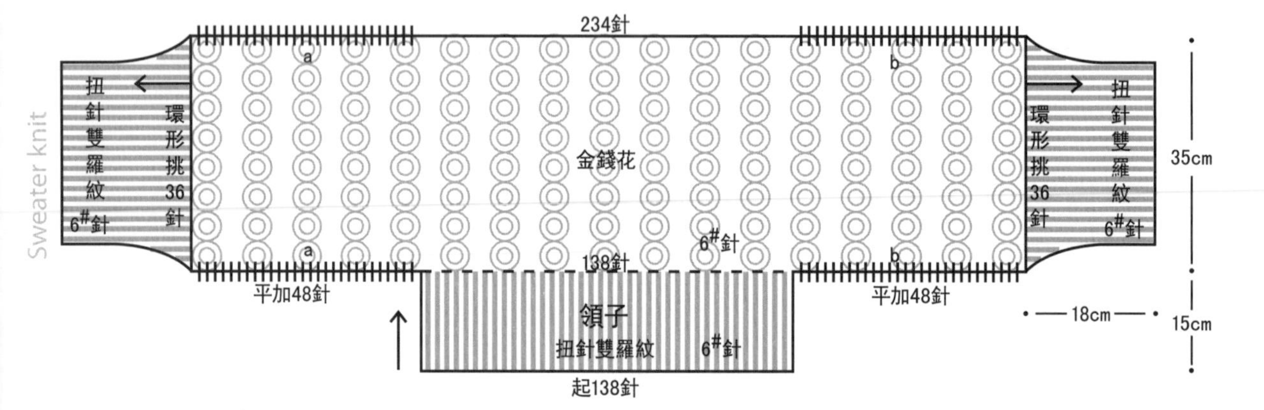

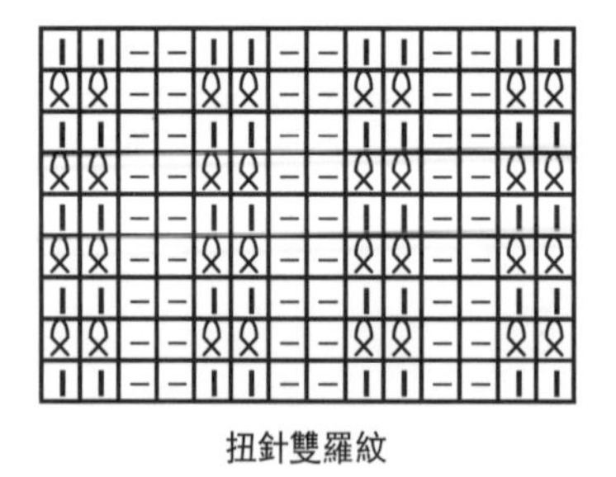

扭針雙羅紋

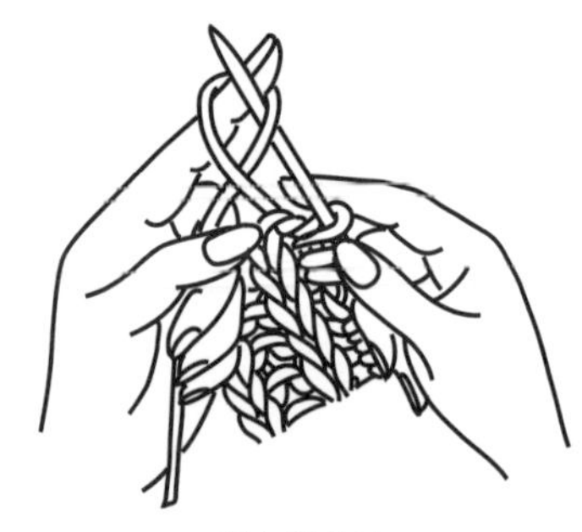

平加針方法

編織步驟:

1. 從領部起138針用6號針往返織15公分扭針雙羅紋，織片。
2. 在雙羅紋片的左右各平加48針合成234針鬆織35公分金錢花。
3. 依照圖示縫合a-a，b-b後形成兩袖，從開口處環形挑36針織18公分扭針雙羅紋，收彈性邊。

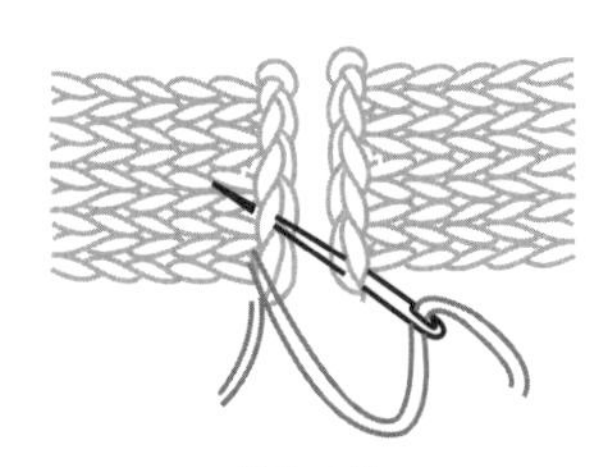

縫合方法

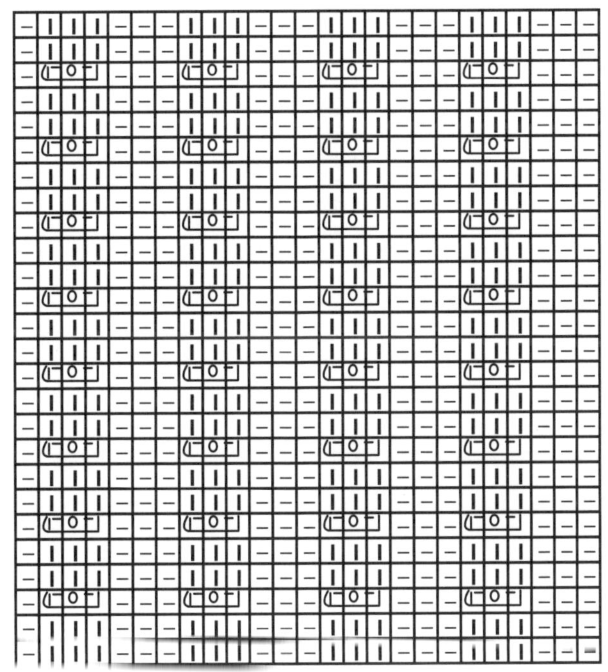

金钱花

重點提示

從35公分寬的袖口直接挑36針很困難，容易形成不規則的孔洞，正確的方法是先挑出所有針目，第二行時再纖減到需要的針目，然後依照花紋編織。

大波斯菊帽子

材料： 純毛粗線
工具： 6號針　3.0鉤針
用量： 200克
密度： 22針X24行=10平方公分
尺寸：（公分）帽圍43　帽高22

編織說明：

從帽沿處起針織相應長度後，將所有針目均分4份，隔1行在每圈內均減8針，餘8針時從內部串起繫好。

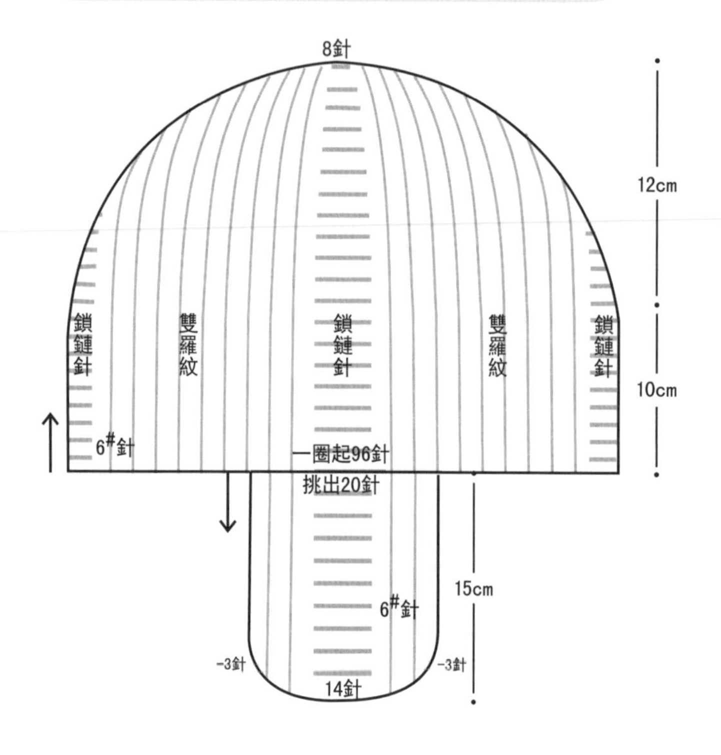

帽子排花：

18	6	18	6	18	6	18	6
雙羅紋	鎖鏈針	雙羅紋	鎖鏈針	雙羅紋	鎖鏈針	雙羅紋	鎖鏈針

花朵鉤法

編織步驟:

1. 用6號針起96針按排花環形織10公分後，將96針分4份，每份內隔1行減2針，一圈減8針減至餘8針時串入一根線拉緊繫好。
2. 護耳從起針處挑20針織15公分，在兩邊每行減1針共減3針，餘針平收。
3. 把鉤好的花朵縫在帽子及護耳邊緣。

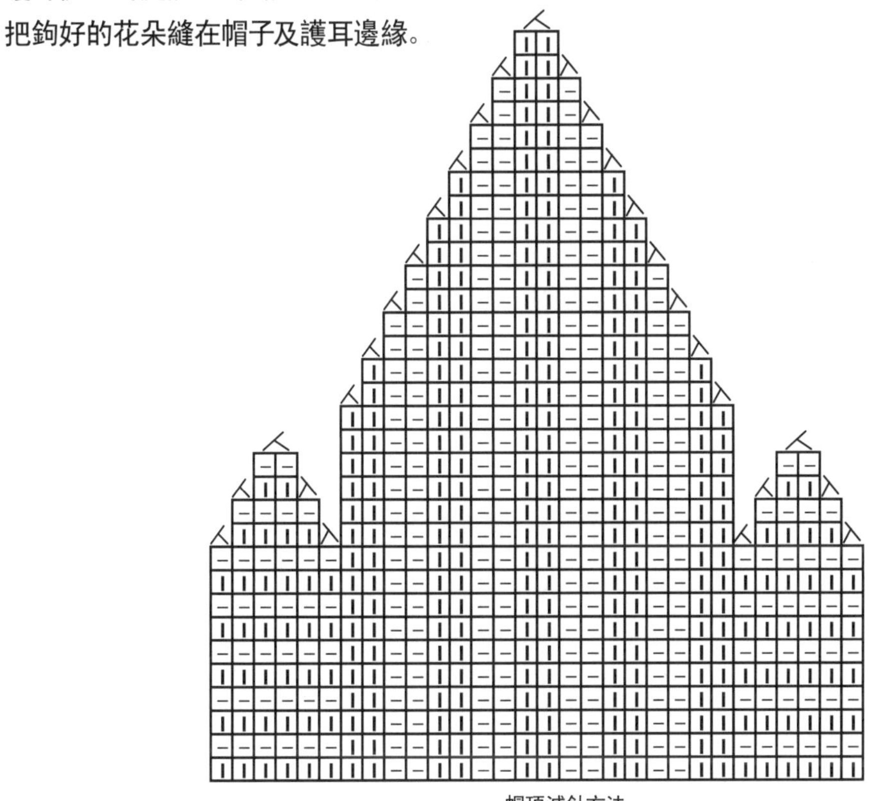

帽頂減針方法

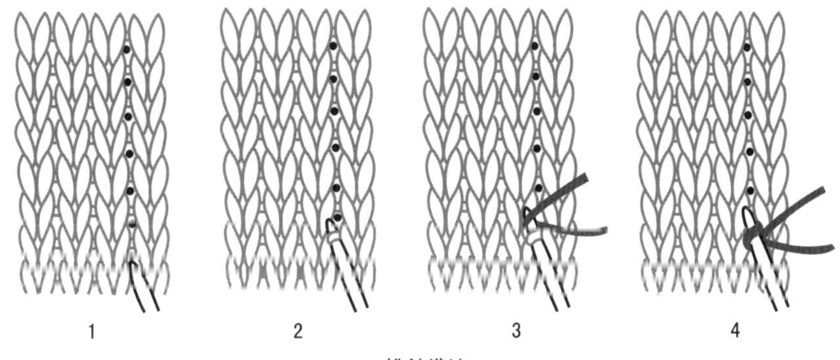

挑針織法

重點提示

花朵與帽子縫合時，只取花心與帽子縫合，不縫花瓣。

哈密長靴地板襪

材料： 純毛粗線
工具： 6號針　8號針　3.0鉤針
用量： 150克
密度： 20針X24行=10平方公分
尺寸：（公分）襪腿長30

編織說明：

織一個長方形的片，在一側挑針再織兩個小的長方形的片，依照圖示縫合邊緣，穿毛線繫好形成靴襪。

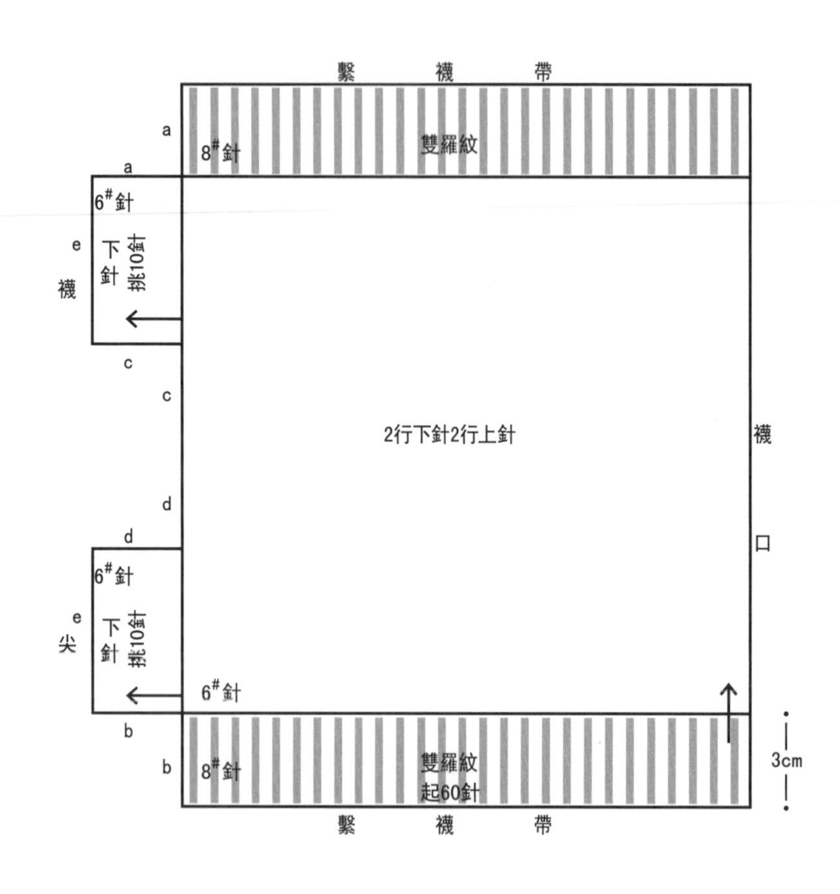

編織步驟:

1. 用8號針起60針往返織3公分雙羅紋，織片。
2. 換6號針織2行下針2行上針，共織62行。
3. 換8號針織3公分雙羅紋，收彈性邊。
4. 在一側分別橫挑出10針織10行下針，依照圖示縫合各邊緣。
5. 用毛線按繫鞋帶的方法串入雙羅紋的上針組內繫好。

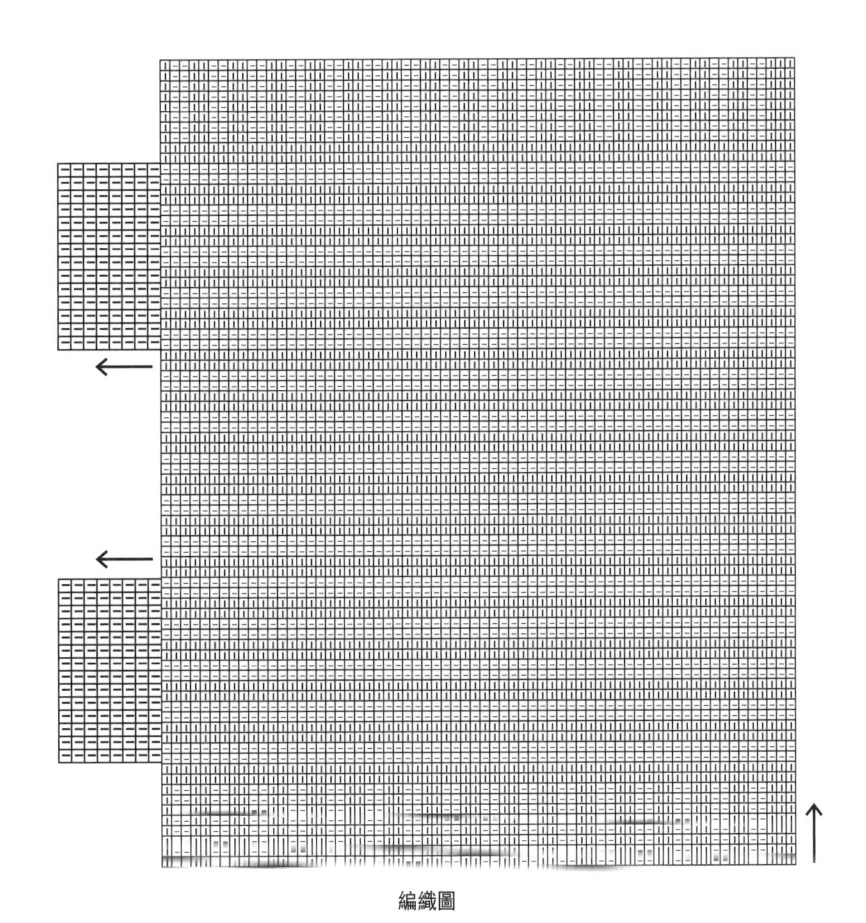

編織圖

重點提示

上針組內不用織釦眼，從針眼孔洞就能穿入毛線。

雙色長靴地板襪

材料：純毛粗線
工具：3.0鉤針
用量：200克
密度：18針×28行=10平方公分
尺寸：(公分)以實物爲準

編織說明：

用鉤針鉤一個長針的長方形後，在相應位置再鉤兩個小長方形，將三個長方形按相同字母縫合，並鉤好繩子，穿入相應位置。

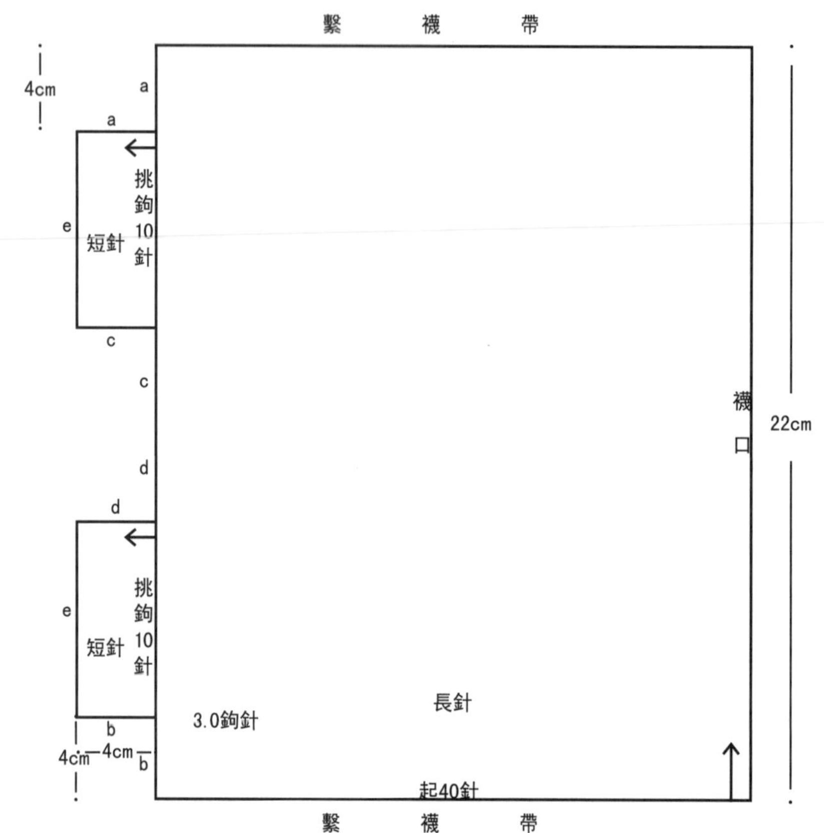

100cm

編織步驟:

1. 用3.0鉤針起40針往返鉤22公分長針形成長方形片。
2. 距起針處4公分位置向上挑鉤10針短針，往返鉤4公分高；在對稱位置挑鉤第2個小長方形。
3. 按圖所示，相同字母縫合各邊緣。
4. 鉤一根長100公分的長繩，像繫鞋帶一樣穿入長開口處形成地板襪。

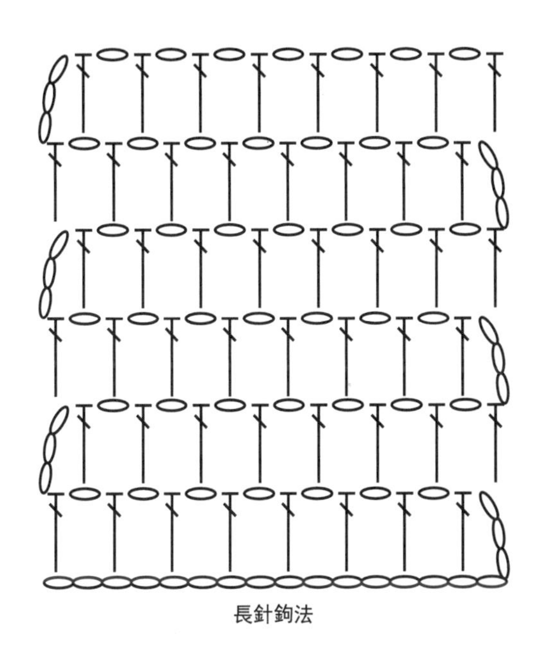

長針鉤法

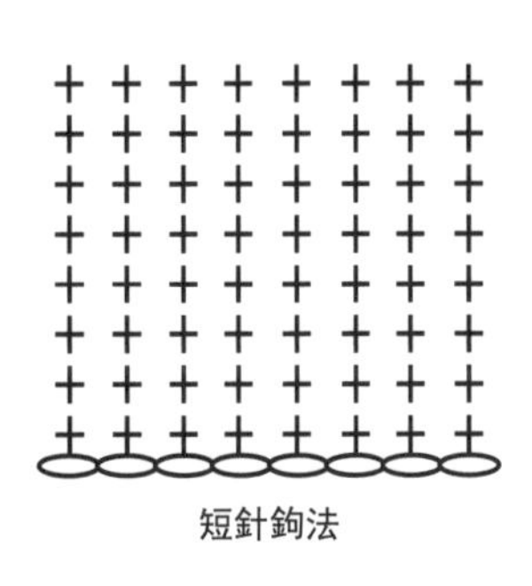

短針鉤法

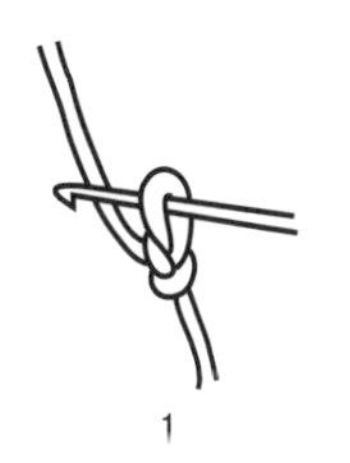

1

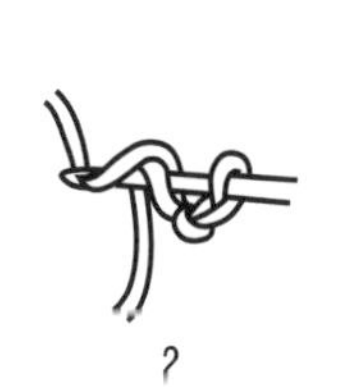

2

3

4

小繩鉤法

重點提示

最後的縫合是關鍵，縫出造型美觀的地板襪。

藍色三用巾

材料： 純毛粗線
工具： 6號針 3.0鉤針
用量： 150克
密度： 21針X24行=10平方公分
尺寸： (公分) 長52 寬18

編織說明：

依照圖示織一個長方形，分別在相應位置穿入長繩縫好釦子，形成多用途的飾品。

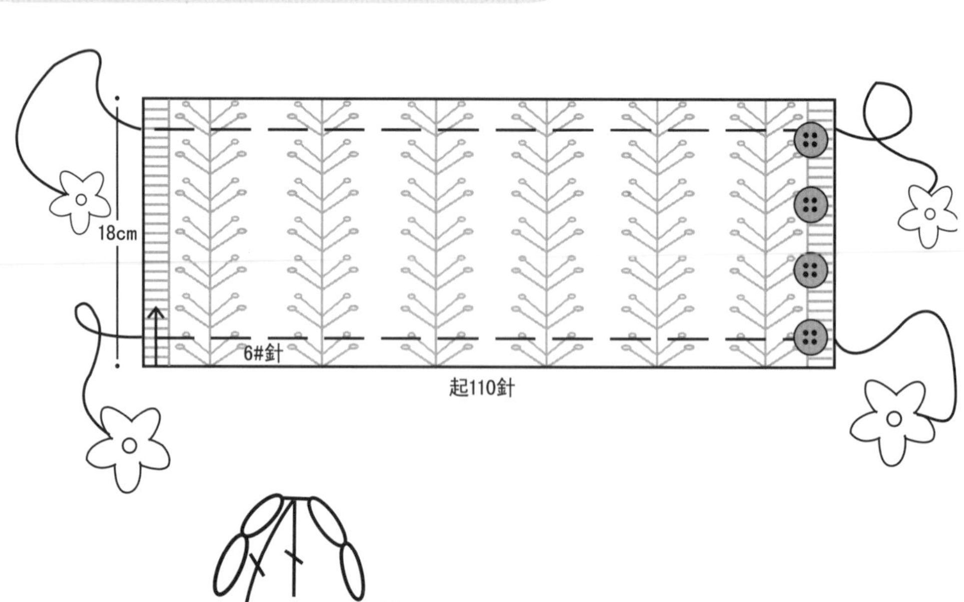

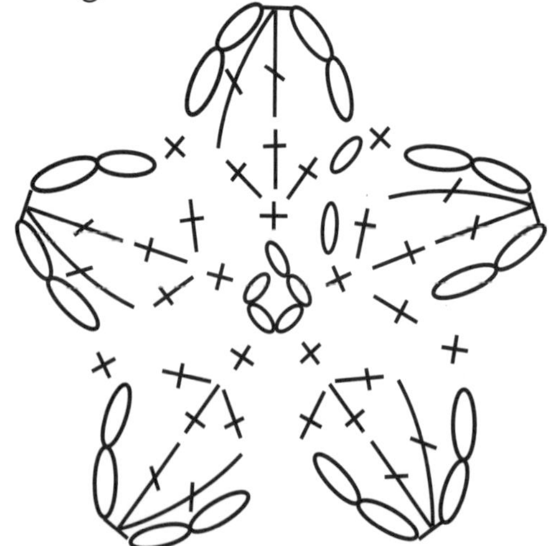

整體排花： 7 鎖鏈針 96 小樹結果 7 鎖鏈針

編織步驟:

1. 用6號針起110針依照圖示往返織18公分小樹結果針。
2. 在相應位置縫好鈕子。
3. 鉤兩根長繩，穿入相應位置，繩端繫花朵。

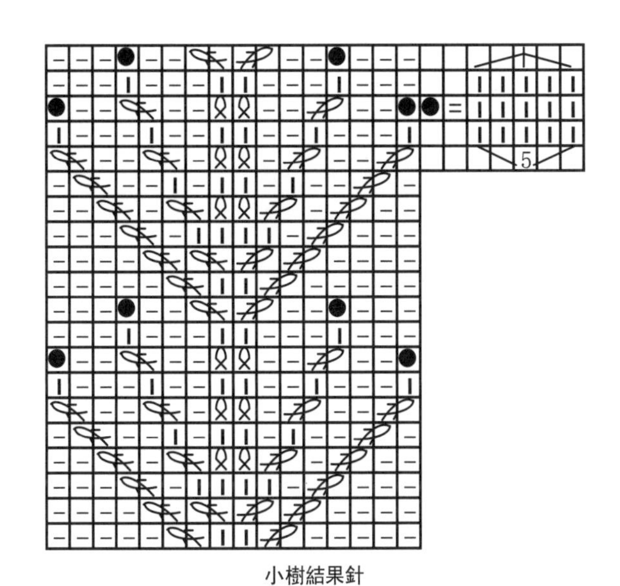

小樹結果針

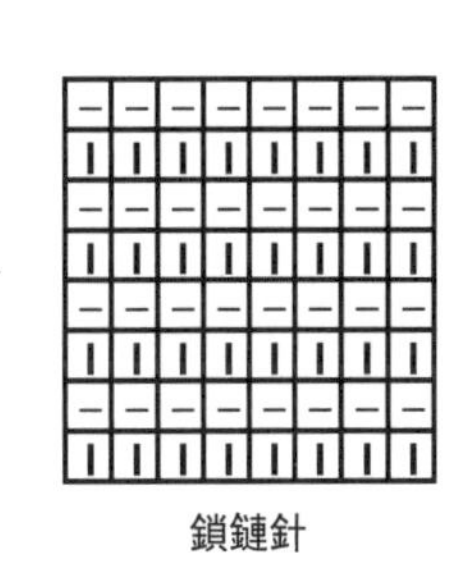

鎖鏈針

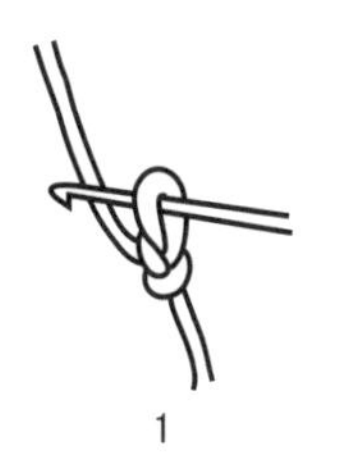

1

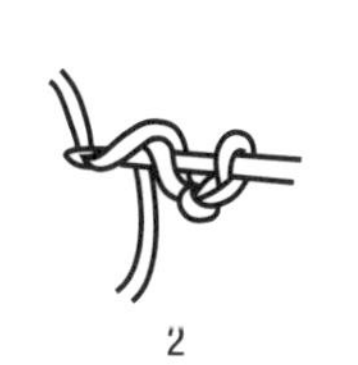

2

3

4

[illegible]

重點提示

收針時，應注意與底邊起針時保持相同彈性。

C O P Y R I G H T

國家圖書館出版品預行編目(CIP)資料

簡單編織：潮流小配飾 / 王春燕著. -- 初版. --
新北市：北星圖書, 2011. 06
面； 公分
ISBN 978-986-6399-08-4（平裝）

1. 編織 2. 手工藝

426.4 100011285

簡單編織：潮流小配飾

著　　作　王春燕
發　　行　北星圖書事業股份有限公司
發 行 人　陳偉祥
發 行 所　新北市永和區中正路458號B1
電　　話　886_2_29229000
傳　　真　886_2_29229041
網　　址　www.nsbooks.com.tw
E_mail　nsbook@nsbooks.com.tw
郵政劃撥　50042987
戶　　名　北星文化事業有限公司
開　　本　185x235mm
版　　次　2011年6月初版
印　　次　2011年6月初版
書　　號　ISBN 978-986-6399-08-4
定　　價　新台幣280元　（缺頁或破損的書，請寄回更換）